我们如何思维

How We Think

[美]约翰·杜威 著
王文印 译
刘玥 译校

東華大學出版社

图书在版编目（CIP）数据

我们如何思维 /（美）约翰·杜威著；王文印译．
—上海：东华大学出版社，2021.7
ISBN 978-7-5669-1905-2
Ⅰ.①我… Ⅱ.①约… ②王… Ⅲ.①思维方法一研
究 Ⅳ.① B804

中国版本图书馆 CIP 数据核字（2021）第 124159 号

我们如何思维

WOMEN RUHE SIWEI

［美］约翰·杜威 著 王文印 译

策划编辑／ 李 晔
责任编辑／ 李 晔
出版发行／ 东华大学出版社有限公司
地址：上海市延安西路 1882 号 邮编：200051
电话：021-62193056
网址：http://dhupress.dhu.edu.cn/
印　　刷／ 天津光之彩印刷有限公司
开　　本／ 880 毫米 ×1230 毫米 1/32
印　　张／ 8.75
字　　数／ 236 千字
版　　次／ 2021 年 7 月第 1 版 2021 年 7 月第 1 次印刷
ISBN 978-7-5669-1905-2 定价：48.00 元

探索思维的秘密

约翰·杜威是20世纪著名的哲学家和教育学家，是实用主义的集大成者。他先后在美国密歇根大学、明尼苏达大学、芝加哥大学、哥伦比亚大学任教，并创办了芝加哥大学实验学校。他提出了“学校即社会”“教育即生活”“做中学”等重要观点。《我们如何思维》一书深入细致地探讨了人类思维的本质，全书共三部分：第一部分“思维训练的问题”，说明了什么是思维以及思维训练的重要意义；第二部分“逻辑的探讨”，论述了逻辑上概念判断、推理、具象与抽象思维、经验与科学思维等方法；第三部分“思维训练”，讨论了如何从活动、语言、观察、课堂教学等方面发挥儿童的好奇心、想象力，培养他们的科学思维方法。

关于思维的首要问题——什么是思维，杜威归纳了四种常见看法。第一种，思维就是脑子里产生想法，比如“今天中午吃什么”；第二种，思维就是对那些没有直接感觉到的事物产生想法，比如编写和讲述一个故事；第三种，思维就是接收观念，比如“我相信世界是平的，因为大家都这么说”；第四种，思维就是验证观念，比如“世界是平的还是圆的，我用什么证据来证明”。而杜威在这本书里讨论的是第四种思维，只有具有这种内涵的思维才能引导人们探寻真理。但是人们的思维也存在着各种问题，如懒惰、固执、被动等。那么，人究竟是如何思维的？既然人有一定的思维规律，那么我们应该如何在教学中提高学生的思维水平呢？杜威在书中对这些问题作出了透彻的论述。

“我们如何思维”这个问题简单来回答就是杜威经典的思维五步法，即“感受问题→界定问题→提出假设→进行推理→验证假设”，思维追求的是条理性、连贯性和一致性。

第一步，感受问题。思维要由问题来开启，只有感受到了疑惑、困难和矛盾，才具有思维的动机。杜威在书中提到的三个典型案例都是从问题开始的。“12 点 20 分我在吃中饭，突然想起来下午 1 点有个约会，现在时间有点紧张（案例 1）。”“我在乘坐渡船时被甲板正前方的一根横杆吸引住了，这是旗杆吗？颜色、形状有点像，但是它是横着的、没有挂旗的配件，船上另外一个地方也有旗杆（案例 2）。”“我用热水洗玻璃杯，在用洗洁精抹了一遍后将杯子朝下放好，发现气泡出现在杯口外沿，然后进到杯口里面，这激起了我的好奇心（案例 3）。”

第二步，界定问题。这一步常常和第一步结合起来，特别是在日常生活中，因为问题没有那么复杂，所以当问题在被感受到的时候就已经界定了。前面的三个案例中的问题分别界定为“现在时间和约会时间之间的矛盾”“我所知道的旗杆特征和横杆特征的矛盾”“自然法则和杯子现象的矛盾”。当然也有一些问题会先引起人们情感上的波动，需要后面理性分析问题所在。此外，问题的界定有时会发生变化，比如一开始界定得较粗略，后面逐渐细化，甚至发现一开始界定的问题是错误的，后面加以修正，这都有可能发生。

第三步，提出假设。当问题明确后，就要提出可能的解决方案，这里关键的思维方式是联想。联想的实质是根据共同要素联结，在很大程度上是在打通已知和未知。因此，联想在前面三步都体现得十分明显，在感受问题和界定问题阶段，作为未知的问题是在已知的基础上联想产生的，如果缺乏一定的已知，很难发现未知。而在前面三个案例中，对时间的已知、对旗杆的已知和对自然物理现象的已知引发了未知。而提出假设也是根据未知联想到相关的已知，而且往往联想到多个已知，比如：“是不是可以坐地铁、坐公交？”“是不是旗杆、装饰品、天线杆、航向杆？”“是不是热胀冷缩的现象？”

第四步，进行推理。提出假设只是一种有待验证的可能性，在提出假设和验证假设中间有一个很重要的步骤就是进行推理。如果说思维追求的是条理性、连贯性和一致性，那么在很大程度上是由推理来完成的。系统的推理包括归纳和演绎，它们体现出了一种双向性。归纳是从特殊到一般，而演绎是从一般到特殊。有良好思维习惯的人很可能在第三步就使用了归纳，他们能审慎地基于多种证据提出假设，这也是归纳的过程。

第五步，验证假设。经过数次的归纳和演绎，我们就可以对假设加以验证或修正，也就是作出判断的过程。这里为了对假设进行科学的验证，归纳和演绎显得非常重要。科学的归纳一方面在于筛选证据，包括排除无关证据，收集有关证据；另一方面也可以采用实验的方法创造证据。而科学的演绎不是机械地将一般结论运用于特殊案例，而是一个连贯细致的验证和修正过程。演绎往往有一个连续性的序列，在演绎中需要运用概念体系和一般原理，只有当演绎的结果与观察到的事实相符合时，才能将其视为正确的结论。由此可见，第四步和第五步是一体化的，核心是运用推理得出结论。

在思维的整个过程中，观察、联想、推理都是交织在一起的。杜威说过，思维必须始于具体观察又终于具体观察，这才是完全的思维，观察就是看是否与实际情况相符，因为思维的最终目的是解决问题。联想也是贯穿于整个思维过程中的，只不过一般来说，前面几个阶段的联想相对要更随意、粗略一些，但后面几个阶段往往是定向的、细致的。而推理虽然主要集中在后面几个阶段，但在前面几个阶段也可能有初步的推理，而归纳推理和演绎推理也是交替出现的。以之前的三个案例为例：“公交慢，何时来车不知道，路况也不确定，因此坐公交不可行（归纳）→改为坐地铁（联想）→但附近有没有地铁站我不太清楚→如果要找地铁站，还需要花时间（演绎）→改为叫出租车（联想）→查了打车软件，发现附近没有车，调度过来可能需要很久，况且也有路况不确定的问题，万一堵车就更来不及了（演绎）→再想想地铁，对了，附近不远处有一个地铁站→坐地铁（演绎）”“不是旗杆，是装饰品吗？（联想）→不对，装饰品可有可无，但每条船都有，应该是功用性的，因此不是装饰品（演绎）→是天线杆吗？（联想）→不对，天线杆应该放在最高处，因此不是天线杆（观察、演绎）→那么，是航向杆吗？（联想）→它在驾驶室的正下方，舵手可以看得很清楚。它根部低顶部高，这样有助于望远。因此它是航向杆（观察、演绎、归纳）”“气泡进到杯子里→气泡表明有空气要从杯子里出来，出现泡泡是因为盘子上的肥皂水阻挡空气，因此产生了气泡（观察、归纳）→空气为什么要从杯子里出来呢？可能是空气本身膨胀了（观察、联想）→可是刚洗完的杯子的空气本来就是热的，不会再膨胀→很有可能是因为在把杯子放到盘子上的过程中进入了冷空气，冷空气膨胀造成的（演绎）→为了证明假设，可以拿几个杯子做实验。前三个杯子用热水洗完后晃了晃，以保证它们有冷空气进入，后三个杯子用热水洗完后立刻盖在盘子上，结果发现前三个杯子外沿冒起了气泡，后面三个则没有。因此假设是对的（观察、归纳）”。

我们如何教学

杜威说过，我们要学习的不是思维，而是思维得更好。言下之意，其实人是有思维的自然倾向的，教学需要做的是将自然的思维能力转化为经受过检验的专业性思维能力。因此，在教学时，我们应该充分利用学生已有的思维资源加以引导，让思维更灵活，更深刻，更富有条理。

首先，要保护好奇心。无论是动物还是人类，出生后不久便片刻不停地摸、抓、捅，也就是我们所说的“好动”，实际上这就是最初的好奇心表现。然而，在长大成人的过程中有些人的好奇心慢慢熄灭了，因此对好奇心的呵护是十分重要的。教学不仅要呵护学生原有的好奇心，还应该积极发展好奇心，比如将对木工的兴趣转化为对物理学和几何学的兴趣；将对做饭的兴趣转化为对化学、生物学的兴趣。然而，教师往往在课堂上迫不及待地把结论告诉学生，没有困惑产生的学习就是被动的记忆，思维还没有开始就已经结束了。因此，教师应该想方设法制造困惑，利用学生的好奇心，让他们的思维处于机警和探究的状态，为后面思维的顺利展开打下基础。杜威提到激发好奇心最好要创设“熟悉中的陌生”，处理好“新与旧”“远与近”的关系。“旧和近”都是学生熟悉的，让他们觉得亲近，而“新和远”是学生陌生的，让他们觉得新奇，这样学生的思维就被打开了。

其次，让学生经历充分的联想和推理过程。联想常常因人而异，往往反映了一个人对某个领域的熟悉程度，但同时也是一种品质，包括敏捷、平衡、审慎等。在课堂上受欢迎的“快问快答”的学生，至多是培养了其敏捷的联想。教师在得到满意答案后就强行中止了其联想的过程，而推理等能力在课堂上并没有得到足够的锻炼。还有一些教师忘记了学生的生活体验，在课上直接引入概念，学生没有经历归纳的过程，后面的演绎自然也是生硬地照搬照套，导致只要情境稍有变化学生就不知所措、无法迁移了。只有不断在不同的情境中进行运用、区分、比较，才能总结出更本质的结论，也就是说推理就是要在演绎和归纳之间来回拉锯，这样得到的结论是在一个具有更大框架的结论网中的，而不是孤立的和单一的。

最后，思维需要被验证。反馈和修正是让思维得以螺旋上升的必要条件，因此验证既可以说是前一个思维过程的结束，也可以说是下一个思维过程的开始。思维验证除了观察外，还可以用行动证明是否可行。事实上，在成人世界里，绝大多数思维都是靠行动来驱动并通过行动来验证的，即“实际生活中需要我完成什么目标，所以我要思维，而最后是否行得通要看是否能实现目标”。因此，职业活动或日常生活就构成了一条连轴线，成人的思维正是围着这一连轴线转动而组织得有条理、有成效。如果在过程中加以主动思考、积极反思，思维就可以不断得到检验和提升。

综上所述，杜威把教学称为一种艺术，把课本看作是一种促进学生思维的材料，而不是现成的结论，束缚学生思维。如果课本是高高在上的终极裁定者，而学生只能被动接受，那么，学生的思维就缺乏独创性。所谓独创性不是指要提出什么振聋发聩的新结论，而是要激发学生自身的创造力，通俗来说就是“亲自去想”，不能由专家和教师包办代替。所以，教学要做的事情就是还原思维的整个过程，让学生在思维中养成思维的品质。

刘　徽[1]

浙江大学教育学院

1　刘徽，教育学博士，现为浙江大学课程与学习科学系副系主任、副教授。本文曾发表于《现代教育》2017年第23期。

作者小传 / 新教育的拓荒者

约翰·杜威，1859 年 10 月 20 日出生于佛蒙特州伯灵顿城一个经营杂货店的商人家庭。

1875 年，他被佛蒙特大学录取；1879 年毕业后，他先后在一所中学和另外一所乡村学校教书。在这期间，他阅读了大量的哲学著作，深受当时美国圣路易学派的刊物《思辨哲学杂志》的影响，并在该刊物上发表了《唯物主义的形而上学假定》等三篇哲学论文，从此决定以哲学为终生职业。1882 年杜威成了约翰·霍普金斯大学的研究生，在此他听了皮尔士的逻辑讲座并深受影响。两年后他以一篇名为《康德的心理学》的论文获得哲学博士学位。

1884 年，杜威进入密执安大学教授哲学；1888 年，他被聘为明尼苏达大学哲学教授；一学年后，他又回到密执安大学任教，直至 1894 年。在此期间，他出版了两部著作《心理学》(*Psychology*)(1887) 和《莱布尼茨关于人类知性的新观点》(*Leibniz's New*

Essays Concerning the Human Understanding)(1888)。此时他的哲学观点大体上接近新黑格尔主义。他对心理学研究也很感兴趣，并将其融入哲学研究中。正是这种研究使他走上了实用主义道路。在实用主义领域，威廉·詹姆斯在当时已出版著作并享有盛誉，他的著作《心理学原理》对杜威产生了强烈的影响。杜威对心理学的研究又促使他进一步展开对教育学的研究。他主张应用心理学观点指导教学，并认为应当把教育实验当作实际生活中哲学运用的重要内容。1894 年，他又被聘请到刚刚建立的芝加哥大学，并长期担任哲学系主任。在芝加哥大学任教的十年间，杜威的思想从早期的新黑格尔主义转向实用主义。他团结了一批志同道合的人士，成立了美国实用主义运动中一个最重要的派别，即芝加哥学派。这种思想的转变集中体现在他们共同创作的《逻辑理论研究》(*Studies in Logical Theory*)(1903)中。在此论文集中，杜威称这本书是实用主义学派的“第一宣言”。他还在芝加哥大学创办了有名的实验学校，把尚不成熟的想法直接运用于教育实践中。该学校抛弃了传统的教学方法，不注重书本而注重实践活动，不注重理论知识的传授而注重实际技能的训练。他后来一直倡导的“教育即生活”“从做中学”等口号就是对这种教学法的概括。

1904 年，由于与芝加哥大学管理者在实验学校管理问题上产生分歧，杜威辞去芝加哥大学的教职。这时他的哲学地位已经得到巩固，因此很快就受聘于哥伦比亚大学哲学系。杜威后来的哲学生涯都是在哥伦比亚大学度过的。

在哥伦比亚大学任教的前十年，杜威撰写了大量有关知识理论和形而上学的文章，并集中出版在两部著作中：《达尔文对哲学的影响及其他当代思想论文》(*The Influence of Darwin on Philosophy and Other Essays in Contemporary Thought*)(1910)与《实验逻辑文集》(*Essay in Experimental Logic*)(1916)。同时，他对教育理论的兴趣更为浓厚，并创作出版了两部重要著作，一部是《我们如何思维》(*How We Think*)(1910)，这本书体现的是其知识理论在教育方面的运用，另外一部是《民主与教育》(*Democracy and Education*)(1916)，该书也许是他在教学领域最重要的著作。

作为重要的哲学家和教育理论家，杜威的声誉在哥伦比亚日益显赫；在公众心目当中，他还是一位重要的社会问题评论家。他经常为诸如《新共和》《民族》等大众杂志撰稿，并且不断参与争取妇女选举权和成立教师工会等各种政治活动。这种声名让他不断接到邀请，在学术和公众场合发表演讲。在此期间，他重要的作品都源自这些演讲。这些著作有《哲学的改造》(*Reconstruction in Philosophy*)(1920)，《人性与行为》(*Human Nature and Conduct*)(1922)，《经验与自然》(*Experience and Nature*)(1925)，《公众及其问题》(*The Public and its Problems*)(1927)，《确定性的寻求》

(*The Quest for Certainty*)(1929)。

杜威于1930年从教学岗位上退休，但作为公众人物，他的活动并未减少；在哲学论著方面也笔耕不辍，相继出版了《艺术即经验》(*Art as Experience*)(1934),《一种共同信仰》(*A Common Faith*)(1934),《逻辑：探索的理论》(*Logic: The Theory of Inquiry*)(1938),《自由与文化》(*Freedom and Culture*)(1939),《评价理论》(*Theory of Valuation*)(1939),《认知与所知》[(*Knowing and the Known*)(1949)，与F. Bentley合著]。

杜威于1952年6月1日去世，享年93岁。

CONTENTS △ 目 录 ▲△△

第三部分　思维训练

第一部分

PART ONE

思维训练的问题

第一章　思维的定义

一、形形色色的含义

人们口中最常提及的词语就是“想”，即“思想”“思维”。其使用如此广泛，有时真难以明确它究竟是什么意思。本章撰写的目的是要探求“思维”一词的连贯的含义。让我们先看看“思维”一词最常见的几种用法，也许会有所助益。首先是一种广泛的甚至可以说是不严谨的用法：凡是脑子里想到的或者“一闪而过”的事物，都可以说是思维。想到某事，即可认为是在某种情况下意识到了此事。第二种用法是指我们对于自己并未直接见到、听到、嗅到、接触到的事物的思维活动。第三种含义则更窄一点，指人们根据某种征象或某种证据而得出自己的信念。这种含义必须分为两类或者定为两个等级方可加以辨别。在某些情况下，人们并没有多想甚至完全没有去想其根据，就接受了一种信念。在另

由广义定义到狭义定义

灵光一现和白日梦

思维不只是一个序列，而应是连贯有序的

一些情况下，人们则是用心搜寻证据，确信证据充足，才会接受某种信念。这一思维过程叫作反思性思维。只有这种思维才有教育意义，而这就是本书的主题。

下面，我们再简短地探讨一下“思维”的这四种含义。

1. 从最不严格的含义来说，思维包括我们头脑里“存在过”“一闪而过”的任何想法。一个不经意间的想法，并不能成就什么大事。即便将此时所想称为思维，也不会赋予它多大程度的尊重、逻辑性或真实性。任何随心的遐想、零碎的回忆或一掠而过的感触，均是如此。做白日梦、建空中楼阁、闲暇无事之际涌动于脑海的思维片段，均可视为漫无定规的思维。在我们的一生当中，总会有很大一部分清醒时间——超过我们所愿意承认、哪怕只是自我默认的时间是消磨在这样毫无意义的幻想和不切实际的期盼之中的。从这一意义上来说，傻瓜、白痴也有思维。有一个故事提到新英格兰有一个闻名遐迩的笨人也想竞选市镇公职，他对街坊邻居说：“我听说你们觉得我没有足够的知识来担任公职。告诉你们吧，其实我总是在思考着这件事那件事呢。”反思性思维好像就只是这种随心所欲、毫不连贯的东想西想，但是它包含了一系列连续想到的事物，而并非偶然想到的、无序的“这件事那件事”。反思性思维并不是简单的一串想法，而是一个结果，即连贯有序、因果分明、前后呼应的结果。反思性思维过程中的各个部分不是零碎的大杂烩，而是彼此依存、互相支撑，其每一个阶段都代表着由此及彼的一个步骤——从技术上来讲，每一个步骤就是思维的一个“项”。每一项都留给后一项可利用的存储空间。这一系列流动的“项”成了一个系列、一串链条或者一条线索。

思维仅限于直接感官以外的事物

2. 即使是从广义的角度看思维，思维通常也仅限于在直观上感受不到的事物，即人们无法见到、嗅到、听到或接触到的事物。如果我们问一个讲故事的人他是否亲眼看到了某个事件的发生，他可能回答说：“没有，这只是我想到的。”编出来的故事，不同于忠实的观察记录。此时最重要的是一系列想象的事件和情节，它们之间有一定的连贯性，并由一条持续的线索连接，穿梭于万花筒式的幻想桥段与故意设计以确立结局的逻辑之中。孩子们讲的故事，其内部连贯性高低不等，有的支离破碎，有的情节分明。当这些情节联结到一起时，就激发了反思性思维。这样的故事通常产生于富于逻辑思维的

但反思性思维意在获取信念

头脑之中。这种富有想象力的构思往往会成为严谨思考的前奏，并为后续的发展铺平道路。然而，它们并不是以获得知识和“获得关于事实或真理的信念”为目的。因此，尽管它们极像反思性思维，却仍与其有天壤之别。讲述这些故事的人称不上是所言之事确凿无疑，但确实构想出了井然有序的故事情节和顺理成章的高潮。他们只是编造出了好的故事，而不是创造知识，除非偶然的机遇造就了知识。这种思维只是感觉的绽放，目的是强化人们的心情或感受，其联结的纽带则是情感的连贯性。

思维以两种方式归结出信念

3. 就思维的下一种含义来说，思维所要指称的是立足于某种根据的信念，这种根据是某种知识，它或是真实的或是假设的，但都不为直接感观所感知。这种思维的特点是接受看来可信的事物或者拒绝看来不可信的事物。但这一阶段的思维，又包括两种截然不同的信念，尽管从严格意义上讲，它们的区别是程度上的而非类别上的，但是对它们分别给予考虑有着重要的实践意义。一些信念，是核对了这些信念的根据却未考虑信念本身而被接受的；而另一些信念，却是经过核实根据之后才被接受的。

当我们说“人们曾经以为世界是平的”，或者说

“我以为你曾从这房屋旁边走过”，这都是表达一种信念。信念是人们持有的、确认的、默认的、经过了证实的见解。但是，这样的思维可能意味着未核实真实依据便接受了某种假设。信念的根据可能是充足的，也可能是不充足的。但是它们支撑信念的价值并未被考虑到。

未曾想过信念是否正确就接受下来，这样的思维是不自觉的。我们也不知道来龙去脉就接受了这些信念。它们来自某些朦胧不清的源头，通过我们也许不曾注意到的渠道，不知不觉地被我们接受，成为我们思想的一部分。形成这种见解的原因包括传统、教诲或模仿——它们来自某种权威，或是投我所好、遂我心愿。这种见解是先入之见，而不是先弄清它有无实在根据再经过恰当判断而形成的信念。

思维最佳定义是对信念根据和结果的考虑

4. 形成信念的思维活动非常重要，因其可能会引发反思性思维，导致人们有意识地思考这一信念的性质、条件和意义。例如，想象鲸鱼或骆驼腾云驾雾只是用幻想来愉悦身心，其最终目的是取乐，而并非创造某种信念。但相信世界是平的，是认为实在的事物具有实在的特性，不是对莫须有的东西进行随心所欲的想象，并借此来愉悦自己的心情。相信世界是平的，就会使人以相应的方式考虑其他一些相关的事物。例如，天体和对跖点以及导航可行性问题。持有这一信念的人会按照他对相关事物的认识，来安排他的行动。

反思性思维的定义

一个基于其他信念和行为的信念所产生的一系列后果可能十分重要，因为这些结果会迫使人们认真考虑自己的信念有无根据或理由以及这些信念所产生的合乎逻辑的后果。这就意味着反思性的思索，即更深层次、更有意义的思维形式。

人们曾经以为世界是平的，直到哥伦布发现地球其实是圆的。人们原先持有那种看法，是因为他们没有能力或者没有勇气挑战他们已经接受和学到的信念，更何况他们所感受到的事实似乎也证实了那一信念。而哥伦布的看法则是经过理智的推论而得出的结论，它标志着对事实的研究，对证据的仔细审查和修正，对各种假设的含义的研究，和对这些理论结果与已知事实的比较。哥伦布并没有毫不犹豫地接受当时流行的传统理论，而是对之提出怀疑，加以探索，因此他才得出了他自己的见解。他对长期以来似乎已确凿无疑的信念抱怀疑态度，敢于相信那些似乎不可能的事情；他坚持思索，终于找出了证据来证明自己的信念和怀疑是有道理的。这样，即使最后他的结论被证明有误，那也与原先的传统信念截然不同，因为它是通过一种不同的方法得出的信念。对任何信念或假定存在的知识，均以积极的、执着的和谨慎的态度思考其根据是否成立；若根据成立，则考虑它可能进一步引发的结论，这就构成了反思性思维。前面所说的三种思维都有可能引出这种思维，但思考一旦开始，它就是一种自觉的和自愿的思维活动，是要在可靠推理的基础之上建立信念。

几种思维活动都有共同因素

二、思维的核心因素

然而，上述的几种思维活动彼此之间并没有明确的区别。它们会在不知不觉之间彼此交错。倘若不是这样，养成正确思考的习惯就容易得多了。到目前为止，我们所讲的几种思维活动都是极端的例子，是为了清晰地呈现思维领域。现在让我们倒转思维过程，看看一种基础的、介于仔细核实证据和随意幻想之间的思维活动。一天，某人在街上散步。他观察后发现，天气温暖，天空晴朗。但是，当他一边走一边想着另外一些事情时，天气变得阴凉了。他想着恐怕要下雨了，抬头一看，见已乌云蔽日，于是他赶紧加快了脚步。这当中，有没有能称之为思维的活动呢？走路不是，抬头看云也不是。散步是一种行为，查看和发现情况也是一种行为。但想到有下雨的可能，这是一个推测。这个人感到了阴凉，想到了看天上的云彩，推测快要下雨了。

共同因素就是想到并未观察到的事物

再设想一下，在同一情况下，这个人抬头看云，觉得它像是一个人的形状，像人的脸。在这两种情况下（信念和幻想）都涉及了一项注意到的或者感知到的事实，以及紧跟着的未观察到却在思维中得到反映的其他事物，都是一个人看到了一样东西，联想到并未看到的事情。正如我们所说，一个事物使我们想到了另一个事物。这是一个共有的因素，但二者又显然有区别。看到云而想到脸，但并不会相信那真是一个人的脸，不会相信那是事实。因此，这只是随便的想象，而不是反思性思维。相反，见乌云而想到要下雨，这对于我们来说具有真实的可能性，这与观察到天气变凉具有同样真实的性质。换句话说，我们不认为云彩有什么意义或者会把它看作是一张脸，我们只是觉得它像一张脸；而我们确实认为天气转凉可能意味着要下雨。在第一个例子中，正如我们所说的，看到一个事物，我们想到了另一个事物；而在第二个例子中，我们想到了看到的事物和其指示的事物之间联系的可能性。看到的事物成了所指示事物的信念根据和基础，它构成了证据。

但思考还包括预示的关系

因此，想到一个事物预示或显示出另一事物，从而考虑一个事物能在多大程度上被视为对另一事物的信念的根据，这一功能就是反思性思维或与众不同的思维活动的核心因素。想到“预示”或“显示”等词语适用的情况，学生会更好地意识到反思性思维一词所指的事实。在这里和“预示”或“显示”的意思相同的动词还包括指明、指出、表示、表明、象征、暗示、提示等。当说到由一个原则或原理联想到对另一个原则或原理的信念，还常用“意味着”这个词。

根据迹象进行反思性思维和判断

因此，反思性思维意味着对某种事物建立信念（相信它或是不相信它），不是根据对这一事物的直接观察，而是通过其他的事物，将这些事物作为自己得出信念的依据、理由、凭证或证据，即将前述事物作为得出信念的根据。以下雨为例，有时我们是直接感受到下雨；有时则是由观察到地面和草坪湿润而推断出下过雨；有时是注意到气温变低和晴雨表读数变化而推断出将要下雨。再以观察某个人为例，在一些缺乏证据的情况下，我们看到某个人（或是假设我们看到了某个人）；但有时我们无法确定所看到的事物，只能搜索一些相关事实作为迹象、征兆、标记以供思考，并做出判断。

因此，本书所探讨的思维，是指这样一种思想活动，即由观察到的事物推断出另一事物，并根据该观察得到根据或者证明，用以得出信念。此时对信念还不是百分之百有把握。说“我想是这样”，意味着我还不是很确定事实如此。推断而来的信念也许在后来会得到证实，被证明正确无误，但在此刻它总还是带有一定的推测成分。

三、反思性思考过程中的要素

上面谈到的是思维活动比较外在的和明显的表现。进一步的研究则反映了反思性思维过程中的一些次级过程。它们是：（1）困惑、犹豫、怀疑状态；（2）旨在揭露更多事实而进行搜索或考察活动，借以证实或者否定所得出的信念。

1. 在我们上面说到的例子中，一个人在晴天出门，走到半路突然感到天气阴凉，于是产生了困惑和待定信念，至少当时是这样的。因为这出乎他意料，让他感到惊讶和突然，需要他解释、确认和评定。气温的突然变化构成了一个问题，这种说法可能有些牵强，但是如果我们将“问题”的定义扩展到任何使头脑感到困惑或者艰难的事物（不论该问题本质上严重不严重），以至于由此形成的信念变得不确定，此等突变总会涉及一些真实的问题或者难题。

不确定性对于测试的重要性

2. 他抬头举目看天，就是为了识别认知事实，回答那突然的阴凉所带来的问题。这些事实最初展示的是困惑，他们指向的是乌云，因此抬头观看天上的乌云就是要证实假设解释是否正确。要说这就是调查研究，也许显得有点言过其实，但是，如果我们愿意总结思维活动所产生的概念，以包容所有琐碎的、普通的，以及技术的、深奥的事物，便没有更好的理由拒绝对该观察行为冠以调查研究的名头。该探索的目的是为了确定或者否认假设的信念。我们感知到了新的事实，该事实或证实了天气将要发生变化，或否认这一猜测。

查明情况对于测试的重要性

再举一个在日常生活中常见的事例以便加深认识。一个人走在他不熟悉的地方，一个岔道口使他停下脚步，他犹豫不决。怎么办呢？怎样解决这样的困惑呢？有以

找路：反思性思维之一例

下两种选择：他可以随便走一条路，碰运气；他也可以思索一番，依据事实借以判明哪一条路正确。任何企图通过思考解决问题的方法都涉及了对事实的调查，不论是通过记忆还是通过进一步观察，或者通过同时使用两种方法。这个困惑的旅人必须仔细观察面前的路况，仔细地回忆，寻找用以支持可选道路的证据，即可以排除其中一种假设的证据。他也许登高爬树向远方眺望，或是每条路都走一段试试，通过种种迹象和线索，判明前进方向。他要寻找自然界中的天然路标或者一张地图，而他的反思性思维便是旨在发现服务此等目的之事实而进行的。

多种可能而又不相容的思索

这个例子还可以抽象化、一般化。在生活中有相当多的情形都可以称之为“岔道口”情景，即下一步要如何前进情况不明，或遇到了困境，需要做出选择。当我们的活动是一帆风顺直线前进时，或者当我们有闲情逸致可以海阔天空任意遐想时，都没有必要进行反思性思维。然而，当我们在达成一定信念的道路上遇到困难或障碍时，我们就会暂时停下来。在这捉摸不定之际，我们的思想就会像登高爬树一样，争取登上一个更高的立足点，环顾远眺，要看到更多的事实，并判断它们彼此之间的关联。

思想困惑时争取找到解决办法，这就是整个反思性思维过程中稳定的和起导向作用的因素。没有需要解决的问题或没有需要克服的困难，思维过程是随心任意的，这就是我们所描述的第一种思维。而如果思维的过程与情绪保持一致，并顺畅地融入一种情景或故事情节，那就属于第二种思维。但若有一个问题需要得到回答，一种模糊的状态需要得到澄清，那就是有了一个需要达成的目的，就需要让思维流入特定的渠道。任何一个假设的结论均会受到这一约束目的的检验，看它是否适用于面临的问题。厘清思想困惑的需要也控制着所采取的探索方法的类型。一个旅行者若是以发现风景最美的路径为目的，他所要考虑的事项和遵循的原则，就会不同于想要发现通往一个城镇的路径的旅行者。问题决定思维的目的，目的控制着思维的过程。

按照目的调节思维

四、总结

由此可以得出概述，思维的缘由是遇到了某种困惑、不解或怀疑。思维不是自然的，不会根据“一般的

思维的缘由和激发

原则”而发生，总是要有某些具体事物来引发和激起思维。对一个孩子（或是一个成年人）来说，不考虑他是否曾经体会过令人烦恼和心绪不宁的困难，就要求他思考事情，这无异于建议此人靠自身力气把自己举起来。

联想和过去的经验

遇到一个困难，下一步就是思考如何解决——形成试探性处置方案或者计划，运用某种适合于这一具体情况的理论，并考虑这一问题的解决办法。现有的数据并没有提供解决办法，只能启示人们去想。那么，什么是联想的源泉呢？显然那只能是以往的经验和事先学到的知识。如果某人或多或少了解类似的情况，如果他以前处理过类似材料，那么此人或多或少就会进行适用的和有助益的联想。但是，除非他具有此时能想象到的在一定程度上相似的经验，否则，困惑依然还是困惑。他将想不出任何有用的办法来厘清这困惑。一个孩子（或者一个成年人）遇到一个问题，如果他以前从未经历过类似的情况，要他想办法，就完全是徒劳的。

如果联想到的见解马上就被接受下来，那就是无批判的、最低限度的反思性思维。如果在脑子里再思索一番，再反思一下，那就意味着探求更多的证据，探求新的数据，从而使这一思索过程进一步发展，也会如我们上文中所说，或者证实了这一信念，或者是看出了它的不当和谬误。当遇到真正的困难而又有相当的经验可资借鉴时，思考的好与坏就在此时此刻明显地显露出来。最省力气的做法，就是接受一切看似合理的思考结果，使心灵得到宁静。而反思性思维总是有些费气力的，因为需要克服那种接受表面合理思索结果的惰性，所以大脑肯定要忍受一定的不安和骚扰。总之，思考意味着有了一种见解以后先将它搁置一下，再思索一番；这种搁置很可能是有些辛苦的。我们在本书的后续章节中将会看到，要培养良好的思维习惯，最重要的因素就是要养成这样一种态度：肯将自己的见解搁置一下，运用各种方法探寻新的材料，以证实自己最初的见解正确无误，或是将它否定。保持怀疑心态，进行系统的和持续的探索，这就是对思维的最基本要求。

第二章 思维训练的必要性

人是有思维能力的动物

细说思维的重要性将是荒唐可笑的。人的传统定义就是“有思维能力的动物”。认为思维是区分人与鸟兽的根本要素，肯定是有道理的。对我们来说，更合适的问题是：为什么思维是重要的？回答这一问题后，我们就会看到，思维需要进行什么样的训练，才能发挥它的功效。

一、思维的价值

审慎的和有目的的行动的可能性

1. 思维是避免单纯冲动或单纯惯性行为的唯一方法。没有思维能力的动物只会凭借其本能或食欲而采取行动，是因外界环境及生物机体内在刺激而采取的动作，因而此种行为属于被动行为。这就是我们说的鸟兽行为的盲目性。采取这样行动的生物看不到或者预见不到其行动的最终结果，也不会预见以一种方式代替另一种方式行动将会造成的不同结果。它“不知其所为为何”。而在有思维能力的情况下，现有的事物会充当尚未经历事物的标志或表征。这样，有思维能力的人就能够根据现有的事物对尚未出现的和未来的事物采取相应行动，而并不是受某种未能意识到的力量的驱使，不管这种力量是本能还是习惯，而被动采取行动。在这种情况下，反思性因素被调动了起来（至少是在某种程度上），他间接意识到某种较遥远的目标而采取了行动。

自然现象也是语言

天要下雨时，没有思维能力的动物会在将要下雨且自己的机体受到某种刺激时钻回洞穴，而有思维能力的人则会感知到风雨欲来时出现的征兆，并且根据这些征兆和可预见的未来情况而采取相应的行动。耕田播种，锄草施肥，收割庄稼，都是有目的的行动。一个人只有学会将现时经历感受的因素归于它们将来预示的价值和预言，才有可能使之实现。哲学家们已大量论述过“自然之本”和“大自然的语言”。的确，只有发挥思维能力，才能从既有的事物推测到那些看不到的事物，大自然的语言才会被人听懂。对于善于运用思维的人来说，现有事物记载着它们的过去，就像化石记载了地球以往的史实；同时，事物又预示着它们的未来，例如从天体的现时位置可测知它们许久以后的晦暝亏食。莎士比亚曾经说过的“树木之言，溪流之本”就十分生动地表述出事物的存在会在思考者眼里显现出额外的能量。种种预见、明智的策划、谋虑和计算均有赖于事物的征兆功能。

系统预见的可能性

2. 通过思维，人们还想出和制作出各种人为的标志，来提醒其可能导致的各种后果，以及获取或避免这些后果的方式。刚刚提到的思维特征使野人区别于野兽，继而又使文明人区别于野人。野人在江河上翻船溺水，会注意到有哪些事物是今后需要注意的危险征兆。而文明人则是有意识地制作一些标记以防备险情。当文明人预见某种事故将要发生时，会预先设置残骸预警浮标以防止撞船事件，会建造灯塔以指引安全航线。阅历丰富的野人会察看天气变化的征兆；而文明人则建立气象服务部门，在缺乏特别方法，无法提前测到可能出现的任何征兆之前，能预先收集天气变化征兆和广泛发布气象预报。野人能通过识别一些模糊的标志在荒野深山中找到出路；文明人则修建高速公路供所有人使用。野人发现了火的踪迹，进而发现了取火的方法；文明人则发明了各种设备，能随时按照需求照明或取暖。文明开化的实质就在于我们通过深思熟虑，建起了各种纪念碑和纪念馆以免遗忘；有意设置一些仪器，以便在各种紧急和危险情况发生之前，测量危险是否接近；记录危险性质，以抵御危险事件，或者至少帮助我们减小所受不利影响，并且巩固或者扩大有利影响。所有形式的人造仪器都是对自然之物的有意改造，以使它们都比其自然状态优越，能够更好地预示隐藏的、缺失的和遥远的危险。

物体素质丰富的可能性

3. 最后，思维还会给自然的事件和物体赋予截然不同的地位和价值，这远远不同于那些无思维力者对它们的感受。在那些不懂得它们是语言象征的人看来，这些话不过是胡言乱语，是光与形的奇怪变异而已。每一事物均有它自己的特性，有思维能力的人会根据其所表达的意义，看出它们是其他事物的象征。自然物体亦是如此。一把椅子，在没有思维能力的动物看来，不过是一件可以闻一闻、咬一咬、爬一爬的东西而已；但在有思维能力的人看来，椅子却有意识地提供了一个可以坐下来、歇一会儿和与人进行社会交流的机会。一块石头，在一个仅用感观认识它和一个知晓其历史与未来的人看来是完全不同的。我们只有出于礼貌才会说一个没有思维能力的动物会对一个物体有什么感受，而在我们看来，一个物体却是由它所拥有的素质所组成的，这些素质又是其他事物的标志。

动物对事物性质的见解

英格兰逻辑学家维恩先生说过："一条狗看见一道彩虹的感受同它对它所在之国的宪法的理解，可能是一样的。"同样的原则也适用于它睡的窝和它吃的肉。如果它困了，那么就会进狗窝睡觉；如果它饿了，那么闻到肉味就会使它兴奋。除此以外，它看见一个物体还会有什么别的感受呢？它肯定不会感受到一座房屋是人们的"家"，即一座永久住宅所囊括的种种设施以及人与人之间的关系，除非它能将所有眼见之物抽象成未见之物。也就是说，除非它有思维能力。它在吃一块肉时也不会想到正在吃的肉来自哪种动物的肢体的哪个部位以及这块肉能提供什么营养。一个物体失去了诸如此类素质的意义，还算是什么物体，我们很难说清楚，但是可以肯定的是，那跟我们所感知到的物体是完全不同的。此外，无论是对于感官、思维还是作为其他事物的象征，事物融合度的提升一直在增长，而且增长的可能性实际上是没有限度的。从前需要哥白尼或牛顿那样卓越的智力才能认识到的一些事情，今天已成为孩子们都会马上明白的常识。

思维能力的各种价值，也许可以用约翰·斯图尔特·穆勒的一段引言进行归纳："进行推理诚可谓生活中的大事。每个人在每一天、每一小时和每一刻都需要对自己并未直接观察到的事情加以推断，这并非总是出于增加自己的知识这一一般性目的，而是因为这些事情本身关系到自己的利益或职业。地方司法官、军队指挥官、领航员、医生或农艺师所承担的任务就是要根据证据做出判断，并采取相应措施……他们在这方面做得是好还是不好，决定着他们本职工作的优劣。只有在这方面，他们得不停地动脑筋。"[1]　忙碌于日常工作和思维活动

二、需要引导以实现价值

人每时每刻都在思索，这不是什么技术性的和深奥的难题，但也不是什么无足轻重的小事。在任一时刻与适合的场合下，这一功能都必须与智力相协调，且必须由清醒的思维完成。但是，因为这是一种推理的过程，是在确凿证据的基础上得出结论，并间接地得出信念，该思维　思想也会走偏

1　见穆勒《逻辑体系》(*A System of Logic*)，引言，第五节。——原注

过程可能出现错误也可能走向正确，所以需要谨慎小心，需要接受训练。它越是重要，出错的危害也就越大。

不论是好还是坏，都是按照观念行事

比穆勒更早的一位学者约翰·洛克（1632—1704）阐述过思维对于生活的重要性和思维训练的必要性，以便通过思维得到最好的效果和防止最坏的结果。他说："任何人做任何事，都是以这种或那种观点为依据，这些依据成了采取某种行动的理由；不论他运用何种手段，都是以自己这一有充分根据或并无充分依据的见解作为引导，按照这一正确或错误见解而投入他的全部行动力量……神殿教堂都会供奉神圣偶像，我们总是能看到有很多人为之顶礼膜拜。实际上，存在于人们头脑中的观念和偶像都是始终指导他们行动的无形力量，他们都心甘情愿地服从这一指导。因此，极其重要的是要用心培养自己的认识，在探求知识和做出判断的过程中对事物进行正确的理解。"[1]既然一切有意实施的活动以及我们种种力量的运用都有赖于思维，那洛克强调用心培养自己的认识"极其重要"，就是恰如其分的。思维能力最能让我们摆脱本能、欲望和习惯，可能给我们机遇，也可能

1　见洛克《理解能力指导散论》（*Of the Conduct of the Understanding*），第一段。——原注

让我们出错、失误。它使我们高于禽兽，但也有可能让我们干出禽兽由于其本能限制而干不出的蠢事。

三、需要经常加以调节的倾向

正确思维在生活中和社会中的益处

在一定程度上，正常生活和社会生活中都会出现一些需要调节推理思维活动的情形。生活中许多时候都必须遵从基本的和持续的规矩，它是任何巧妙的办法都无法有效替代的。被火烫过的孩子怕火，是因为这痛苦的经历比给他讲述热量的特性更能加强其对正确推断必要性的认识。社会环境同样重视对事物的正确推理，因此，基于有效思维的行动具有重要的社会意义。正确的思维有益于生活，至少可以避免相当多的生活烦恼。敌情险情、安全保障、饮食调理或重要社会交往的种种征兆迹象，都需要得到正确的辨认。

认识仍有可能走偏

然而，这种思维能力训练虽然在一定程度内能见效，却不能让我们不受限制到处畅行无阻。在一个方向上得出合乎逻辑的见解，并不能保证不会在另一个方向走过头而得出错误结论。野蛮人群中的狩猎专家很擅长发现野兽的行踪和位置，但谈起野兽习性的来源和构造时却可能胡言乱语。当人们的生活安全而富足时，没有直接可见的障碍来阻止人们进行思索推理，也就没有天然的阻力来防止人们得出错误的信念。有时仅仅因为某些思维生动有趣，即使依据甚少，也可得出结论；而有时事实众多却引不出适当的结论，只是因为它们有悖于现有习俗而不受欢迎。还有一种倾向是所谓的“原始的轻信”，即分辨不清什么是幻想，什么是合情合理的结论。一见云里雾里有引人注目的脸面，就信以为真。天然的智力阻挡不了谬误的传播；而阅历不浅但思维不正确，就仍然会积累许多错误的信念。错误与错误可能互为印证而交织成越来越大、越来越顽固的一套谬论。在过去，梦、星相、手掌纹路都是用来占卜吉凶的方法，如纸牌的跌落被认为一定是种预兆，而自然界一些极其重要的事态却遭忽视。各式各样的占卜迷信如今仅见于一些阴暗的角落，但从前却是普遍流行的。人们用了很多很多的科学事实才驳倒了它们。

迷信如同科学，皆自然形成

仅仅就联想的功能而言，看见水银柱变化就预测下雨，以及看到动物内脏和鸟群飞向而预测战争的输赢，这一切都是联想，也并无差异。比如，撒落一把盐预示某人要遭厄运，与被蚊子咬了预示会染上疟疾一样，也都是预测。只有系统地调控进行观察的条件和严格调节自己进行联想的习惯，才能确认自己得出的信念到底是对还是错。用科学推理取代迷信推测，靠的并不是提高自己感官的敏感度或联想功能的自然运行原理，而是调控好自己进行观察和推理的条件。

错误思考的常见原因：培根的假象

再次提及一些导致错误信念的主要原因是有意义的。例如，在近代科学探索的起始之时，培根[1]就指出过让人得出错误信念的四点原因，即被冠以“假象”（即虚假的景象）名称的事物，这些事物将人们引入歧途。他将这些原因称之为“假象”（idols），或“幻象”（phantoms）：（1）部族；（2）市场；（3）巢穴；（4）剧院。说得通俗易懂一些，这就是：（1）植根于人性的、通常惯用的一些错误想法（或诱惑）；（2）人们的来往和交流；（3）犯错误者的个人特性；（4）某一时期的时尚或习俗。我们还可以从不同的方面对错误信念的来源加以分类，即上述原因中有两种是内在的，两种是外在的。内在的两种当中，有一种是人类共同拥有的（例如容易承认那些跟自己固有信念相符的事实，而不易承认

1　培根（1561—1626），英国哲学家，实验科学创始人。——译注

那些跟自己固有信念相悖的事实)；另一种是个人的特性和习惯。外在的两种当中，一种是常见的社会现象(例如倾向于认为有名者皆有实，无名者则无实)；另一种则是一时一地的风气。

洛克的论述

洛克也谈过三种信念错误的典型，语言比较通俗，可能更具启发意义。除了引用他那熟悉而充满力量的语言，再无其他更好的办法。通过举例说明不同类型的人，洛克阐明了思维发生错误的不同方式。下面直接引用原文：

依赖别人

1.“第一种人是极少进行推理的人，其思想和行动总是模仿别人，包括学父母、邻居、牧师，以及自己心甘情愿奉为师表的其他的人。他们只图省心省力，不肯认真思考和检验。”

只求利己

2.“第二种人是以自己的爱好代替理智，并且坚决以喜好决定行为和论证，从不使用自己的推理，而是倾听别人的推理，只要该推理符合他们的幽默感、利益或者狂欢需求。”[1]

思路受限

3.“第三种人倒是真心实意愿意遵循理智，但思

1 洛克在另一处指出：“有些人往往让自己受偏见和爱好束缚……考虑问题都是从自己的好恶出发，对己不利的，一概拒之门外，再明显的道理也听不进去。”——原注

路不够开阔，见识也不宽广，因而看问题不够周到全面……他们交流不多，阅览范围狭窄，听不到各种不同的意见……他们信息来源有限，像流淌的小溪，而又不愿投身于知识的海洋。”一些人本来天分相当，但最终却知识水平相差悬殊，这是因为“他们机遇不一，他们所获取到的信息、头脑中所积累的观念、概念和观察的结果以及能据以思考的这些内容出现了差异，高低不等”。[1]

洛克在他的另一部著作中，谈到了同样的想法，只是表述形式有些许不同。

信条的作用

1.“凡是跟我们的信条不相符的事物，都往往被认为是难以置信的，而不予考虑。对自己的信条坚信不疑，奉之为至高无上，因此不但不相信其他人的见解，而且对自己耳闻目睹的证据，只要该证据证明其他事理正确且违反我们深信不疑的信条，我们也往往会拒绝承认该证据……最常见的情形就是孩子们接受他们的父母、保姆或和他们有关的其他人的影响；这些人将种种见解灌输到儿童既无防备亦无己见的心灵中，并且使其逐渐加深，最后（不论这些见解对错如何）进一步被习俗和学

1 见洛克《理解能力指导散论》（*Of the Conduct of the Understanding*），第三节。——原注

校教育加以固化，甚至到了无法将其根除推翻的地步。小孩子长大以后，反思自己的观念，发现这些观念已经根深蒂固，甚至在其记忆之初就已存在，因此即使未能发现最初接受了谁的指导或者是通过什么方式获得这些信念的，他们也习惯于将这些信条奉为神圣，不让它们受到玷污或怀疑。”他们将这些信条视作“裁定是非对错的可靠标准，在遇到各种争论时都求助于这些信条的判断。”

思想闭塞

2. “另有一些人则将思想固化在一定的模式里，除了自己接受的假说以外，别的假说一概不接受。”洛克接着指出，这些人虽不否认事实和证据，但是思想闭塞，固执于特定的信念，对不符合这些信念的证据无法信服。

利己

3. “这第三种人对事物的接受都是以自己的爱憎好恶为尺度，凡是不合自己爱好的或对自己不利的，不论其多么正确，他们都不予考虑。在一个贪财者的推理过程中，若一边是概率很高的事物，而另一边是钱财，那就不难预见哪一边压倒另一边了。这些世俗气十足的脑袋就像泥巴墙一样，不论多么强的电池，也是无法让它们通电。”

盲从权威

4. “对权威盲目服从。在思想容易出错的人中，第四类人是最常见的，其数量之多超过前几种之和。他们盲从权威，不论是自己的朋友、邻居，还是政党和国家领导人，只要大家都信，他们也会跟风，放弃自己的独立思考。”

错误思维习惯的先天原因和社会原因

培根和洛克都说明了，错误思维的根源除了个人性格倾向（例如倾向于匆忙下结论以及倾向于做遥远得不着边际的结论），还有社会的原因，例如盲从权威，有意识的训导，以及语言、模仿、同情和暗示的潜移默化，使得一些错误的思维习惯得以形成。因此相应地，教育不仅要让人们克服个人思维的错误惯性——急躁鲁莽，自以为是，只顾自身利害得失而不顾客观现实，还要削弱和摧毁社会上长期积存且严重固化的各种偏见。当社会已有较为理智、较注重理性信念、较少盲目跟随权威的风气，教育机构便能够比现在更加积极地发挥建设性作用，可与其他社会环境有意无意发挥的教育作用协调配合，帮助人们端正自己的思维习惯和信念。现在，教育工作不仅要将人们一些自然的倾向转变成训练有素的思维习惯，而且还要教育人们抵制社会上的不良风气，改变已经形成的错误思维习惯。

四、通过调节使推理成为证明

跳跃式思维的普遍性

思维之重要，正如我们所见。通过思维这一功能，可从既知的或已查明的事实中看出或推测出其他并未直接确知的事实。但是这种从已知事物推想到未知事物的过程很容易出错。能对它产生影响的因素，包括未见的和未考虑到的原因，数目甚多，如以往的经历、信奉的信条、自我利益的顾及、情感的变动、心理上的怠惰、存有偏见的社会环境、没有根据的期待等，可谓是不胜枚举。实际上，思维就是推理，即从一事物推想到存在关联的另一事物的概念或信念。这涉及认识上的一次跳跃，即从已确知事物跳跃到根据某证据推定的另一未知事物。没有人是真正的全知全能，人们都是从已感知的事物联想到未知的事物，或根据已知的趋势推想到未来的趋势。从已知到未知，必然涉及思维上的一次跳跃，这样就必须注意自己是在什么样的条件下完成这一跳跃的，以减少思维跳错的危险，提高思维正确跳跃的概率。

因此，适当地调节条件可以提供证明

此时应注意：（1）调节好完成联想功能的条件；（2）调节好对联想到的事物赋予信任的条件。以这两种方式完成的推理（对其细节的研究构成本书主要内容之一）即形成了证明。证明某一事物主要意味着对它加以试验、检验。例外情况常用来证明一条规则，换言之，例外情况要求提供众多证据以便严格地执行。倘若这条规则经受住了这一检验，那就没有什么理由再怀疑它了。事物在经受住检验之前，我们还无法知道它的价值究竟如何。但经受住检验之后，事物即是可信的，因为它已得到了证明。它的价值业已明朗。推理即是如此。一般说来，推理是一种宝贵的功能，但这一点并不能保证推理都一定正确。推理是有可能出错的，正如我们所见，有不少因素都会使其出错。因此，重要的是要做到每一推理都是经过检验的。但是我们往往做不到这一点，所以必须加以区分，自己哪些信念有经过检验的证据，而哪些信念却尚无此种证据，从而谨慎小心地予以对待。

教育有责任培养熟练的思维能力

教育的任务在于传授各种可能的信息，而不在于对每一见解均提供证明，但教育有责任让受教育者养成深层次的、有效的习惯，来区分哪些是经过验证的信念，而哪些仅仅是人们的主张、猜想和想法。要以真诚、活泼和开朗的态度接受那些确有根据的结论，并在个人的工作习惯中掌握适当的方法，对自己遇到的各种问题进行相应的探究和推理。倘若一个人没有这样的态度和习惯，那么不论他知晓多少传闻和消息，他都不是一个真正有教养的人，因为他缺乏基本的思维素质。而这种习惯并不是与生俱来的（不论想要习得这些习惯的愿望有多么强烈）。自然环境和社会环境又不足以迫使人们养成这种习惯，因此教育有着重大的责任是为培养它们创造条件。培养这些习惯，就是思维训练。

第三章　思维训练所需的自然资源

我们在上一章中谈到通过训练来转变自然推理能力的必要性，以养成批判性审视和探索的习惯。正因为思维对于生活非常重要，而自然的思维倾向容易走偏，社会上又存在一些因素会影响思维习惯，导致根据不足或形成错误的信念，因此，思维的训练必须立足于思维的自然倾向。也就是说，训练必须从这些自然倾向中找到出发点。倘若一个人训练之前原本不会思维，那么训练也无法教会他思维。一个人要学习的并不是思维本身，而是如何更好地思维。简言之，人们必须在本来就有的独立自然思维能力基础之上进行思维训练；训练的目的不是创造这种能力，而是让这种能力朝着正确的方向发展。

有自然思维力才能接受训练

教与学是互相联系或者相互对应的过程，其关系很像卖和买。但即使没有人买货，一个卖货的人也可以说他卖掉货物了；即使没有学生学到东西，一个教书的人

因此学习者必须主动

也可以说他已经教书了。因此在教学过程中，主动权更多地是掌握在学习者手中，其程度超过了买卖中的买方。学习思维者应学会更加经济更为有效地使用他已有的思维能力，而教人思维者更是需要让教学更加适应和更能激发学习者已有的思维能力。要使教学对学习者具有这样的吸引力，教师就必须很好地了解学生们现有的习惯和倾向，了解他需要收集的自然资源。

三方面的重要自然资源

这种自然资源必定涵盖许多复杂细节，因此难以精确地列举它的所有项目。但是我们看看思维的基本要素，将有助于找出它的主要元素。我们在上文中已谈过，思维涉及了我们联想到的一项有待于接受的结论，再进行探索和思索，以检验这一联想的价值，最后再接受自己认为有价值的结论。这意味着：（1）要有一定的经历和事实以引起联想；（2）联想力的敏捷性、灵活性和丰富性；（3）联想的内容要有条理性、连贯性和恰当性。很明显，一个人在以上三个方面都有可能遇到障碍：他可能没有足够的事实材料来作为联想的依据，因而导致其思想狭隘、粗杂或无关宗旨；或者虽然具体的事实以及原材料数量巨大、广泛，也无法轻易地引发丰富的联想；再或者，即使这两项条件均已得到满足，但是所联想到的内容缺少连贯性或者怪诞不经，而非连贯持续。

一、好奇心

希望得到充分的体验

在提供能引起联想的原始材料方面，最重要和最有活力的因素无疑就是好奇心。古希腊贤哲曾说，好奇心是一切科学之母。惰性的头脑只能坐等强加于它之上的经历。华兹华斯[1]生动描述过：

眼——它无法选择只能观望；
耳——我无法阻止它倾听世界；
我们的身体不论何处都在感受；
而不管我们是愿意还是不愿意。

这就如实地表现出人们是如何自然地受到好奇心的驱使。正如充满活力的健康身体总在寻求营养，好奇的心灵也总在保持警觉并进行探索，寻求思考的材料。有好奇心的地方，就有寻求新的和各种各样的体会的渴望。

1　威廉·华兹华斯（1770—1850），英国诗人。——译注这种好奇心是我们获取供推理之用的原始材料的唯一可靠保障。

身体接触

1. 好奇心最先表现为一种重要的外流，一种丰富的有机体能的表露。一个孩子会由于生理上的不安宁而“对任何事物都感兴趣”——不断地摸、戳、敲、扒。观察动物的人看到了一位作家所说的，“它们有片刻不停地干傻事的倾向”“老鼠跑来跑去，到处嗅着、扒着和咬着，而无心关注其正要做的事情。同样地，一只名叫杰克的狗东扒扒西跳跳，猫这儿闻闻那儿抓抓，水獭像闪电似的窜过来窜过去，大象不停地晃动，猴子到处抓东西。”[1]随便注意一下一个婴儿的动作，就会看到他也是在不停地试探和摸索。他会吸吮、触摸和碰击各种物品，推推拉拉，抓抓丢丢，总之是在体验这些东西，直到他对它们不再有新鲜感为止。这样的活动很难说是智力活动，然而倘若没有这些活动，智力活动就会因缺乏材料而变得断断续续、苍白无力。

社会接触

2. 在社会刺激的影响下，好奇心会发展到较为高级的阶段。当一个孩子能够从其他事物中获得有趣的感受

1 见霍布豪斯《心智演化论》(*Mind in Evolution*)，第 195 页。——原注

（因此如果物体不再提供有趣的经历，那么他就会求助于别人给他提供感兴趣的材料），此时，一个新的时代就开始了。我们会不断地听到孩子在问：“这是什么？”“那是为什么？”最初，这种问问题的行为不过是他的体能过剩转移进入了社会关系，此前这种体能过剩表现为不断推拉、开门、关门等行为。他会连珠炮式地问问题：“是什么支撑住了这座房子？支撑着这座房子的土地又是靠什么支撑的呢？那支撑这土地的地球又靠什么支撑啊？”如此等等。但是这些问题还不是真正有意识的推理关联。他问为什么并不是要求科学的解答，其背后动机只是希望更多地了解他所立足的这个神秘的世界。他探索的还不是什么法则或原理，而只是更多的事实。不过小孩的东问西问已不单单是为了积累一些信息或者堆起互不连贯的条目，尽管这种询问的习惯最后只演变成无休止的语言。他会在朦朦胧胧之中意识到这种种事实还不是全部的故事，它们背后还有更多的东西，还能从这些东西中看出更多的道理。这样就出现了求知欲的萌芽。

3. 好奇心上升到体能层面和社会层面之上，就成了智力，以至于在观察事物和积累材料的时刻就转变成了　智力探索对引发问题产生兴趣。当问过别人问题后仍未得到答案，而孩子仍然继续思索该问题，想方设法寻求答案时，好奇心就上升到了智力层面，成为推进思维的积极力量。对于思想开通的人来说，对大自然和社会的体验都充满了各种各样微妙的挑战，有待于进一步思索。使问题萌发的力量需要及时抓住和正确培养，否则它们会逐渐减退以至消失。这一规律尤其适用于那些无法确定、令人质疑的问题。有些人的求知欲始终保持强劲，永不消退，但在多数人身上，这一欲望却很容易因受挫而变得迟钝。培根说过，我们必须像小孩那样，才能进入科学的王国。这就提醒我们要保持孩童那种思想开通、灵活好奇的心境，同时也提醒我们注意这一天赋是很容易消失的。有些人是在缺乏关怀和充满冷漠的环境中失去了它，另有一些人是在轻浮草率的境遇之中失去了它，还有一些人虽逃脱了这些不幸的遭遇，但思想却陷入了教条主义牢笼，这同样扼杀了其本来拥有的好奇心。有些人成天忙忙碌碌，无暇关注新的事实和问题。另一些人仅仅在自己选定的职业生涯中对涉及个人利益的事物保持好奇心。许多人的好奇心只限于流言蜚语和市井短长，这一现象相当普遍，因此人们往往将好奇心联系到窥探他人隐私。

在好奇心方面，教师能做的事是学多于教。他很难重新燃起别人的好奇心，他所能做的主要是努力防止这种好奇心圣火的熄灭，或帮助尚未熄灭之火继续燃烧。他的责任是设法保护人们好奇探索的精神，不让它因兴奋过度而衰竭，不让它因日常事务而麻木，不让它因教条灌输而僵化，也不让它浪费于琐碎事物之中。

二、联想

不论题材是丰富还是贫乏，是十分重要还是无足轻重，人们都会从现在经历的事物产生联想，对尚未见闻的相关事物产生一些想法或信念。联想的功能不是仅仅通过教学就能产生的，可以通过特定条件能够使该功能得到改善或者遭到削弱，但它是消灭不了的。有些孩子努力尝试“停止思维活动”，可是联想依然连绵不断，恰如华兹华斯所言，“我们的身体不论何时都在感受，而不管我们是愿意还是不愿意。”说到底，并不是我们主观上要思维，而是思维自动发生于我们的头脑之中。只有掌握了适当的方法来调控自己的联想功能，并能承担起由此产生的后果时，我们才能真正地说“我想是如何如何”。

联想的方面　联想的功能有很多不同的方面（或者我们也可以称这些方面为不同维度），它们因人而异，每一方面对比不同，其组合方式也不同。这三个维度包括：联想的难易或者快慢；联想的范围或者种类；联想的深度或者可持续度。

难易或快慢　1. 人们通常被分成聪敏和不聪敏两种，主要基于其敏捷程度，即联想的快慢，当呈现某物体或者发生了某事件时，联想才会产生。正如愚笨和聪明所隐喻的那样，有些头脑无动于衷或者属于被动接收信息的类型，见到听到什么事，它们的反应都是单调乏力，毫无反馈；而另有一些人却反应敏捷，会相应地产生各式各样的联想。前者发呆，后者则是以完全不同的性质思考同一件事。呆滞或愚笨的脑子要受到重击才产生回应，而聪敏的脑子则回应迅速，并能迅速给予解释，且很快能联想到可能的结果。

但是教师不应该看到一个学生对学校功课反应迟钝就断定他头脑愚笨。有的学生在学校被认为愚蠢透顶，可是他对自己觉得值得做的事，例如某种校外体育运动或社会工作，却反应灵敏，表现出色。因此即便是学校功课，若是换一种内容或教学方法，他也有可能接受。一个男孩也许在几何这门功课上显得不开窍，但是在别的方面，例如在需要动手完成的功课上，却可能心灵手巧；一个女孩也许对历史晕头转向，但在评判旁人是非功过方面却很有水准。除了身体有缺陷或有疾病的人以外，对所有事情都反应迟钝、傻里傻气的人还是比较少见的。

2. 联想的范围时宽时窄，但这一差别与上述的反应快慢并无关系。我们都有过这种感觉，有时思潮如潮汐澎湃；有时却如涓涓细流；有时人们表现不出什么反应，是因为心里联想到许多方面，它们互相制约，让人一时不知说什么好，陷于彷徨犹豫；有时则是一种生动敏捷的联想占据主导，滔滔不绝地表达出来，而其他的反应则被阻挡在一边。有的人联想太少，这表明其思想贫乏枯燥；这样的人若是专注于琢磨什么大学问或大生意，就会表现为书呆子或者葛擂硬[1]式的人物。这种人的脑筋总在转，可是除了干巴巴的信息以外便无话可说，容易让人厌烦。与之形成鲜明对比的是我们所说的那种懂得 范围或者种类

1　葛擂硬，狄更斯小说《艰难时世》中的人物，只重金钱实际而薄于人情。——译注

人情世故又满怀风趣的人。

考虑几种方案之后再得出结论，这从形式上来看是正确的，然而，对比各种各样的备选方案并最终得出一种方案之后，该方案将不具备完整的、丰富的意义。另一方面，联想数量众多，五花八门，那也不利于良好的思维习惯。联想数量太多时，会使自己无所适从。人们会发现，要得到某个确定的结论很困难，他们只是在众多联想中无助地徘徊。联想到太多的正负得失，从一件事又自然地联想到另一件事，人们会发现，在实际问题中做出决定或由理论问题得出结论是非常困难的。想得太多会让行动陷于瘫痪。众多的想法会让自己理不出一个合乎逻辑的头绪。因此，最佳的思维习惯是联想数量既不要太少又不要太多，要保持平衡。

深度或者可持续度

3. 联想的深度或者可持续度。我们区分人们的智力，不仅要看他们反应的快慢和范围，还要看他们反应的深浅如何，这能表现出他们反应行为的本质。

有的人思想深刻，有的人则思想浅薄；有的人能思索到事物的根源，有的人则只轻轻触及事物的表层。思维的这一方面也许最不受后天教育影响，外界影响最难以使它改变，无论是变好还是变坏，其过程都很难。然而，学生对标的物进行接触，既可以是被动地深入其实质内容，也可以是接受鼓励对事物浅尝辄止。普遍流行的一种看法是，学生只要肯思考就是好的；另一种看法是，学习的目的只在于积累信息。这两种看法都会让学生停留于肤浅的知识中，而不利于督促他们深入思考。有的学生在日常生活中能敏锐地区分事物的重要性，可是到了学校里上课时却将所有科目等同起来；似乎一件事物与另一件事物一样真实，耗费智力不是用来区分事物的，而是用来组织口头语言的。

快慢与深浅

有时，反应的快慢是与理解的深浅密切相连的。要消化印象并将它们转化为实在的观念，是需要时间的。“聪明伶俐”可能只是昙花一现。有的成年人或孩子反应虽慢却很扎实，所得印象皆深入积储，致使其思维达到较深的层次，而不仅仅停留在虚浮表面。不少学生由于慢慢动脑认真思考问题而被指责为“反应慢”“回答问题不敏捷”。在这种情况下，有些人就养成了停于肤浅表面的快答抢答的习惯。对问题、困难的思索要达到相当的深度才能保证思维结果的质量，而在教学当中只鼓励学生迅速复述课文或展示快速记忆力的做法，等于鼓励他们快速掠过真正问题，这不符合真正的思维训练的目的。

我们不妨回想一下，一些在自己专业领域中做出卓越贡献的男女，在他们的学生时代却曾被人说成是笨孩子。有时，这种早先的错误评价主要是因为孩子感兴趣的领域在当时并不被看好，他们也因此而遭人轻视，达尔文对甲虫、蛇和蛙的兴趣即是一例。有时，因为孩子习惯于深层次思考，比其他学生乃至教师想得都深，但是这种习惯却被认为是缺点，相反，别人回答迅速才被认为是聪明。有时，因为孩子待人接物的天性不符合教科书和教师的要求，而教科书和教师的要求被认为是对学生做出评价的绝对依据。

任何科目都具备“智力的”内涵

总之，教师最好改变自己的观念，不要认为“思维”是一种单一的、一成不变的功能；教师应认识到“思维”一词指示了事物获得重要性的各种不同的方式。他们还应该除去一种类似的观念，即认为某些科目本身属于“智力型”，因而拥有一种训练思维能力的神奇力量。思维是因人而异的，它不是现成的、类似机器的装置可以随意开关，并对所有科目适用；它不是一盏提灯，可随意照亮马匹、街道、花园、树木或河流。思维是因人而异的，因为不同的事物以不同的方式展示它们各自的意义，讲述自己独特的故事。正如同身体的成长是通过吸收食物的营养一样，智力的成长是通过对各种题材进行逻辑编组。思维并不是像生产香肠的机器那样，可以不加区分地将各种材料糅合成一种畅销的商品。思维是将各种具体事物引起的各种具体联想加以排列，联结到一起。因此，任何一个科目，从希腊语到烹饪，从图画到数学，都是有学问的，也就是“有智力的”，这不在于它的固定的内部结构，而在于它的功能，即能引起和指导认真探索和思考的力量。几何学能对一个人产生这种作用，而实验室操作、音乐作曲艺术或者经商则能对其他人产生同样的作用。

三、条理性：思维的本质

仅有事实，不管其范围是宽是窄，以及由这些事实联想到的结论，不管其数量是多是少，即便是结合到一起，也仍然构不成反思性思维。这些联想还必须加以编组，使之彼此相关联，并与它们所依据的事实相关联，从而安排得有条理。当灵巧性、丰富性和深刻性的因素都得到应有的平衡或保持了应有的比例时，我们得到的结果就是连贯性的思维。我们既不希望思想迟钝也不希 连贯性望思想仓促；既不希望思维杂乱无序也不希望其刻板僵硬。连贯有序意味着灵活性和材料的多样性，这些材料都是按照单一的、明确的方向排列在一起的。这既要反对机械古板的统一，也要反对蚱蜢乱蹦式的运动。人们谈到聪明的孩子时常说："他们只要定下心来，做什么事都行，对任何事都能又快又好地做出反应。"但是可惜的是，他们很少能定下心来。

另一方面，做到不分心还是不够的。我们的目标并不是绝对狂热的集中精力。集中精力并不意味着固定不动，也不意味着紧紧钳住联想的洪流或者使其瘫痪，而是意味着让多样变换的思想连接成一股稳定的趋势并朝着一个统一的结论涌动。集中思想，靠的不是静止不动，而是朝着同一个目标前行，就像一位将领集中他的兵力发起一次攻击或者进行一次防守一样。保持思想集中就像保持船的航向一样，虽然需要经常变换位置，但始终要朝着自己既定的方向前行。连贯有序的思维也如同改变标的物一样。连贯要防止思绪矛盾，而集中精力则要防止分心，思绪矛盾或集中精力都存在于无聊的日常生活中或者"轻易就会走神"的人身上。一个人可能会出现各种不同的和不相容的联想，但只要保证每一联想均与主题保持一致，就可以保证思维的连贯性和条理性。

实际的需要促成一定的可持续性

对于大多数人来说，要养成有序思维的习惯，其原始研究证据来源主要是间接的，而不是直接的。智力的组织源于而且一段时间以来发展于实现某一目的的伴随行为组织之中，而并非思维能力诉求的结果。需要进行思维来完成思维之外的事情，比单纯进行思维更加有意义。所有开始从事自己职业生涯的人都是通过有条理的行动来达到有序思维的，多数人大概终生都是如此。成年人通常都从事某种职业和事业，这样，他们就有了一条连续的轴线，让自己的知识、信念以及得出的结论和检验结论的习惯都围着这一轴线旋转，并且其组织也颇具条理性。他们为有效地履行自己的职责且进行种种观察，其观察结果和思维都得到了延伸和整理。与此相关的信息不只是积累起来，而是分门别类记在心中，供需要时使用。多数人的推理并非来自纯推测动机，而是来自他们在各自职业中有效地实施业务的过程。因此，他们的推理经常受到业绩的检验。无效的和零散的方法通常都被放弃了，条理井然的安排则受到了重视。他们的思维经常受到种种事件和问题的考验，对于实际中所有的非科技专业人员来说，这种行动之中是否产生有效的经历就是他们的思维条理性的主要原始研究证据来源。

在青少年的正确思维习惯训练中，通过实际行动检验推理的方法也不容忽视。然而，对于有组织的活动，青少年和成年人的表现是有很大差别的，在青少年的教育中运用这种方法时，一定要认真考虑到如下差别：（1）成年人需要通过实际活动取得外在的成就，这是他们迫切的需要，因而思维能力所受到的锻炼比较有效，而孩子则只是将这种活动当作一次学习机会；（2）成年人的活动结果比较专业化，这也不同于孩子的活动结果。

孩子们遇到的特殊困难

1. 适当的选择和安排行动方式，对于青少年来说，要比成年人困难得多。成年人的行动方式或多或少是由环境决定的。成年人已是公民、户主、父母，有了一定的职业和专业，这些都决定了其主要行动特点，这似乎也在一定程度上自然而然地迫使他养成了相应的思维模式。而孩子则不同，其社会地位和个人追求未定，几乎没有任何客观因素来迫使他遵循什么持续的行动方式，而其他人的意志、孩子个人反复无常的想法以及他所处的环境也往往对他产生短暂的、与众不同的影响。缺乏持续的行为动机再加上孩子不成熟，思维模式就具有很强的可塑性，这使得教育培训变得更加重要，而寻找适合孩子的持续行为模式也会更加困难。行动方式的选择往往带有随意性，受学校教学传统、教育思潮和变化不定的社会风气影响。因此，人们有时认为在这方面下功夫收效不大，于是就完全撇开了重视实际行动的教育，而只讲求纯理论和书本知识。

孩子们的特殊机会

2. 然而，这一困难恰好表明了一个事实，那就是为孩子选择真正有教育意义的活动机会，要比为成年人选择同样活动的机会多得多。大多数成年人承受到的外在压力很大，因此，其职业和业务对其智力和性格的影响即使有教育价值，其收益也只是附带的、意外的。孩子所面临的问题，同时也是机会，即在于选择有条理的和持续的活动模式，这既为他们成年后必然从事的活动做准备，又能立刻在思维训练方面看到效果，有助于他们形成良好的思维习惯。

两个极端

教育界的实践表明，对于明显的、费力的训练活动，人们往往是在两个极端之间摇摆。一个极端是几乎完全忽视这种训练活动，理由是人们认为这种活动杂乱无章、波动易变，只是迎合青少年短暂的、未成形的兴趣，这些训练纯粹是让学生分心；或者是，人们规避这种邪恶的、与高度专业内容相悖的、或多或少出于商业目的的、旨在培训成年人的活动。学校若是提供了这些培训活动，那只是迫不得已的让步，是让学生在繁忙的学业中得以忙里偷闲，或是学校受到外界功利主义压力不得已而为之。另一个极端则是认为任何活动只要不是强迫学生死记硬背书本知识，就都是好的，就都能取得近乎神奇的效果。持这一立场的人鼓吹通过游戏、自我表现和自然成长促进智力增长，似乎任何一种自发的活动都必定能让思维能力得到恰当的训练。他们还搬出一套神秘的大脑生理学，用以证明任何一种脑肌肉锻炼都能训练思维能力。

当我们在这两个极端之间摇摆时，一个最严重的问题却往往被忽视，那就是如何发现和安排这样一种活动，它必须是（1）最适合未成年人的智力发展；（2）最有利于为他们成年后承担社会责任做准备；（3）能同时最大限度地促进他们养成敏锐观察和连贯推理的习惯。好奇心关系到思维材料的获取，联想则关系到思维的灵活性和力量；活动本身虽不存在智力因素，但活动的顺序则关系到连贯性智力的形成。

第四章　学校教学条件与思维训练

一、导言：方法与环境

所谓的官能心理学与教育界流行的形式训练教学法是同步的。倘若思维是一种独特的心理机制，与观察、记忆、想象以及对于人和事物的常识判断均不相关，那么就应采用为此目的而专门设计的练习活动来训练思维，就如同用特殊训练项目来锻炼臂部肌肉一样。于是，某些科目被冠以有助智力或逻辑发展的优秀科目名称，拥有先天的训练思维的功能，就像某些专门锻炼臂力的机械那样令人称赞。按照这一理论，思维训练的方法包括启动思维机制并使之对各种题材保持运转的一套操作规程。 形式训练

我们在本书上文中已详细说明，并不存在单一、统一的思维能力，人们是各自通过许多的不同的方式对各 思维力

种事物进行思维，包括观察、记忆、听闻、阅读，从而引起联想或形成观念，这些联想或观念对现时有用，对将来还会有效。思维训练就是培养这样的好奇心、联想力以及探索和检验的习惯，扩大其使用范围和效率。科目都是有助智力的，只是有助智力发展的快慢高低有所不同。因此，思维训练的方法，就是给每个人提供适应其需求和自身能力的条件，争取持续改善其观察、联想和调研的能力。

方法的意义

因此，教师要解决两个方面的问题。一方面，他需要研究每个学生的特点和习惯；另一方面，他需要研究每个学生习惯性自我表达的能力变好或变坏的条件。他应当认识到方法不仅包括有意识地设计和运用于智力训练的方法，而且还包括无意识运用的因素，即学校的氛围和校务之中能对学生的好奇心、反应力及有条理活动产生影响的因素。一位教师既研究了个人心理活动又研究过学校教学条件对这些心理活动的影响，那么就可以基本上相信自己会找到更具体的适用的教学方法，以期在阅读、地理、代数等特定科目的教学中达到预想的效果。假如教师不了解学生个人的思维能力以及学校环境对这些思维能力的影响，那么他的教学法即使再好也只能收获短暂的效果，而对养成学生深层次的思维习惯没有帮助。学校环境的影响可分为三大类：（1）学生接触到的其他人的精神状态和思维习惯；（2）学校所教授的科目；（3）当前的教育目的和理想。

二、其他人思维习惯的影响

人的本性中都有模仿他人这一特性，因此不难看出，在某人接受思维训练的过程中，其精神状态会受到来自他人思维习惯的深刻影响。榜样比言辞更有力量。一位教师所做的最佳意识活动也许就是注意消除自己未能意识到的或者认为无足轻重的个人特性对学生所产生的影响。对于技术上存在错误的指导方法或者科目，教师应该根据个人教学方法所产生的启示减小上述方法或者科目对学生所产生的危害。

对方法中的基本环境要素的反应

然而，将家长或教师这些为人师表者对孩子的影响仅仅归结为模仿，是对智力影响他人的肤浅理解。模仿仅仅是深刻原理的一个例证，这原理就是刺激——反应。教师所做的每一件事以及他做事的方式都会激起学生这样或那样的反应，学生的每一个反应都会对他的态度起到这样或那样的作用。甚至连孩子不注意听大人的话，也往往是大人无意识影响而导致的一种反应模式。[1]教师很少是（甚至完全不是）将学生头脑和科目连接起来的透明媒介。对于青少年来说，教师的个人性格是与科目密切融合在一起的，这些孩子不会将这二者分隔开，甚至不会将二者加以区分。孩子对自己遇到的任何事物的反应都是接近或是避开，他总是在自己自觉或不自觉的情况下，在自己心中对他喜欢或不喜欢、同情或反感的事物加以评论，不仅对教师的言行是如此，对教师所讲授的科目亦是如此。

教师本人习惯的影响

人们通常普遍承认教师行为对学生的品德和言行、性格和习惯以及社会风度都有影响。但人们却倾向于将思维视为一项孤立的功能，这就往往让教师注意不到这样的事实——教师对于学生智力方面的影响同样真实而广泛。教师以及学生都或多或少地关注主要观点，或多或少地有呆板僵化的反应方法，对即将发生的事情表现出或多或少的求知欲。教师在这些方面的特点都必然地

1 一个四五岁的孩子听到他妈妈几次叫他回来，都毫不在意。他的同伴问他："你听见你妈妈叫你了吗？"他满不在乎地说："听见了啊，可是她还没有发狂喊叫哩。"——原注

反映于教学法之中。教师在不经意之间形成的言语不严谨、推理不精细、反应缺乏想象力等习惯，都会影响到师生交流的全过程。在这一复杂而又微妙的领域，特别要注意的是以下三点：

按自己的特点判断旁人

1. 多数人并不是很清楚自己的思维习惯有哪些独到之处。他们认为自己的思维方式是理所当然的，并且无意识地以它们作为标准来判断旁人的思维过程。由此出现了一个倾向，就是学生的想法与此态度相符者即予以鼓励，而与之相悖者则遭到忽视或不理解。当今世界普遍存在一个现象，就是过高估计理论性科目对于思维训练的价值而忽视实践性科目的这一价值，其部分原因无疑就在于，教师这一行业挑选人才，往往偏重于理论素质，而忽视实际办事能力。在这一基础上挑选出来的教师，自然是按照同样的标准评估学生和科目，鼓励那些生性相近者发展单方面的理论智力，而不重视实干的本能。

教师个人影响力被夸大

2. 教师，尤其是能力较强、素质更好的教师，往往靠自己的个人强项吸引学生学习，用个人的影响力取代课程内容的吸引力，以此激励学生学习。教师从自己的经验中发现，当课程无法吸引学生的注意力时，教师个人的性格往往能起到有效的作用。这样，他就越来越多地利用后者，直至学生与某个科目教师的关系几乎取代了学生与相关科目的关系。在这种情况下，教师的个人影响力会成为学生个人依赖性和软弱性的源泉，导致学生对科目本身的价值不够重视。

应独立思考，而不应跟着别人转

3. 教师本人的思维习惯须严加注意和引导，否则，就有可能导致学生屈从于教师的人格魅力而放松对其所应学习科目的研究。学生的主要关注点可能就是如何让自己实现教师对他的期望，而不是全心全意、精力充沛地关注学科问题。学生在考虑“这个答案对不对？”的时候，想的是：“这个答案或者这一过程能让教师满意吗？”而不是：“这个答案满足了问题内在条件吗？”当然，学生研究教师和同学的个人特点也不是没有价值，但不应该让自己的主要智力问题通过教师的肯定答案而定，他们的成功标准也不应该以适应另一个人的要求而定。

三、学业性质的影响

学业的类型

学业一般可分为以下三类：（1）以掌握技能为重点

的科目，如阅读、写作、图画、音乐；(2) 以掌握知识为重点的科目，即“以获取信息为目的”的学习，如地理和历史；(3) 以训练实际操作技术为重点，轻视获取大量信息并要求进行抽象思维、进行“推理”的学科科目，如数学和规范语法。[1] 上述每一类科目中，都有容易犯的错误。

抽象变成孤立

1. 在侧重抽象思维和逻辑思维的科目中，存在一种使智力活动和日常生活孤立开来的危险。教师和学生容易将逻辑思维与日常生活的具体需求割裂开来。抽象思维往往变得与实际生活毫不沾边。最典型的例子是一些专业学者，其著述和言谈都抽象得出奇，他们在自己的专业里以老大自居，却没有解决实际问题的能力，他们主持的研究和教学则完全脱离了生活。

一味重复机械训练

2. 在主要侧重技能的科目中，存在的危险则正好相反，即人们企图尽可能走捷径以达到目的。这就会让这些科目变成机械性的，而不利于智力的培育。在不考虑精神状态的情况下，在阅读、写作、绘图、实验技巧等方面，需要节省时间和材料，需要做到准确完整、快速

1　任何一门科目都具备所有这三个方面，例如在算术中，计算、数字读写和速算均为练技能，度量衡则为知识，等等。——原注

敏捷和合乎标准，这些要求都很重要，其本身也都可能成为追求的目标。纯粹的模拟仿造、步步指点、机械练习，都可以很快出结果，却而对学生的思维能力造成了负面的影响。学生被指点着做这做那，却不知道其中的道理，只知道这样做可以迅速出结果；他每走错一步都有人马上纠正；他只是反复做反复练，直到不假思索就能自动完成这些动作。到后来教师才奇怪这个学生为什么阅读时毫无表情，谈问题时说不出所以然。在某些教育信条和实践中，甚至将思维训练与肢体训练混为一谈，只是练习而不触及心智甚至引发消极思想，对人的训练只要求其机械地完成动作，这无异于对动物的训练。然而，掌握技能时也应该动用智力，避免机械重复，只有这样才能把这种技能运用得妙笔生花。

信息与智慧

3. 在侧重信息量和信息准确度的科目中，也存在着差不多同样的问题。信息与智慧二者之间的区分古已有之，但二者的区别需要不断地加以界定。信息是已经获得并贮存起来的知识，而智慧则是运用知识以便获得改善生活的力量。信息仅仅是信息而已，并不意味着特别的智力训练，而智慧恰恰是思维训练的最佳结果。在学校里，积累信息的教学通常都不会达成取得智慧或良好判断力的理想目标。对于这类教学目的，尤其对于地理这样的学科，人们追求的目标似乎是把学生变成所谓的“无用信息大全”。贪多求全成了第一要务，而思想培养则退居其次。当然，思维在真空环境之中是不会进行的，实际上，只有在掌握信息的基础上才能进行联想与推理。

然而，到底是为掌握信息而掌握信息，还是将掌握信息视为思维训练的组成部分，这二者是有根本区别的。有人说，不必将信息用于认知和解决问题，只需要将信息积累起来，就可以在今后将它们任意用于思维，这样的说法是完全错误的。只有开动智力而获取的技能才是可供智力随时利用的技能。除了偶然情况以外，只有在思维过程中获取的信息才能用于合乎逻辑的用途。没有读过什么书的人是在实际生活中为解决各种具体问题而获取知识，这样的知识点点滴滴都可得到有效的应用；相反，有些学识渊博的人却往往淹没于他们的浩瀚典籍之中，因为他们获取知识的方式是死记硬背，而不是思考。

四、当前目标和理想的影响

当然，这种无形的条件与上文中谈过的教育界现状是分不开的，因为教育界当前流行的理想做法就是要让学生机械式地掌握现成的技能和数量庞大的信息。然而，我们可以区分某些趋势做法，例如，按照外在的结果来评价教育水平，而不是按照学生个人态度和习惯的培养和发展来进行评判。这种理想化的学生教育与让学生得到良好思维习惯相悖，尤其体现在科目教学和德育课堂上。

外在成果与心理过程

1. 在教学中，以外在成果为标准的做法表现在人们只重视“答案正确”。人们认为教师最主要的事情就是让学生学会复述课文，这种观念主宰着教师的教学思想，使得教师无法集中注意力去训练学生的思维能力。既然灌输课文被自觉或不自觉地奉为压倒一切的任务，思维训练就成了附带和次要的事了。为什么这一观念如此流行，其实是不难理解的。每个班的学生众多，学生家长和学校当局又要求教师迅速拿出明显而可见的教学成果，这些因素都促使教师注重外在成果。这一目标只要求教师了解科目内容，而不需了解学生的需求。科目内容也明确局限于排好版面的课文，而这其实不难掌握。教育若是以提高学生的思维能力和智力水平为目的，就需要教师更加认真备课，需要以同情和明智的态度了解每个学生的思想状况，同时又要十分广泛而灵活地掌握科目内容，从而能在需要的时候选择和运用适当的内容。最后还有一点：由于人们以外在成果为目标，学校的管理机制自然也就受到影响，只注意考试、分数、评级和奖惩等。

2. 理想的外在表现也对学生的行为影响重大。要求学生遵守校训校规是最容易的，因为这些规定、规则大多使用机械刻板的标准。我们目前的任务绝不是预测教条式的教学，或者严格遵守习俗、惯例或者上级命令在德育教学中应该持续多久。但既然品行问题是生活中最深刻、最常见的问题，那么如何应对该问题就会影响到学生所有其他的精神状态，其影响甚至远远超出直接或有意识的品德考虑范围。的确，每个人最深层面的精神状态是由应对品行问题的方式决定的。在处置这些问题时，倘若思维功能、探索和反思的功能被减小到最低限度，那就难以期待思维习惯对次要问题起到巨大作用。然而，在应对重要品行问题时养成积极探索和深思的习惯，其实最能保证通用心理结构合情合理。 依赖旁人

第五章　思维训练的手段和目的：心理与逻辑

一、引言：逻辑的意义

本章的主题

在前面几章，我们已经论述过：（1）思维的定义；（2）思维训练的重要性；（3）思维训练所需自然资源；（4）思维训练在学校教学条件下遇到的若干障碍。现在我们来谈谈逻辑与思维训练的关系。

逻辑一词的三种意义

从广义上讲，任何得出结论的思考都称为逻辑，不管所得结论是正确的还是荒谬的，也就是说逻辑一词涵盖了逻辑合理、不符合逻辑以及逻辑不合理等方面。从狭义上讲，逻辑一词仅指根据意义明确的、不证自明的或者曾经被证明正确的前提而得出的必要结论。在这里，逻辑的关键在于论证的严密性。从严格意义上说，只有数学和形式逻辑（也许可视为数学的一个分支）才是合乎逻辑的。然而，逻辑一词还有第三层意义，它更加紧要、更切合实际，这层意义就是：要从正负两方面系统地用心，确保思维能在特定条件下，产生最佳的结果。如果我们对 artificial 一词只取它的“经过自愿训练而掌握了专业技能或者艺术”这一含义，而撇开它的“虚假”“人为”的贬义，那么，我们就可以说，逻辑是指 artificial 思维。

其切实有用的意义

从这一意义上说，逻辑一词与头脑清醒、思维透彻和仔细思考是同义词，即最佳意义上的思维（见本书第一章第一节）。这样的思维就是从各个不同的方面和角度审视事物，不漏过任何重要之处，就像是看到一块石头，还要把它翻过来看看它朝下的那一面以及其下覆盖的东西。认真思索就是细心端详一个事物，细看细想，下一番功夫。一说到思考，我们就会想到“斟酌”“权衡”“仔细掂量”，就是要考虑到方方面面，加以精心对比而求得平衡。与此密切相关的名词还有“审视”“考察”“琢磨”“检验”等，都是说要密切注意和仔细思索。思考就是要把一些事情和另一些事情联系起来，也就是说要根据事实进行推理。和下述事物做类比，数学组合的准确性和确定性会让我们联想到计算、测算、证明，甚至推

细心、周全、准确才能合乎逻辑

理本身——求比值。谨慎、细致、彻底、明确、准确、有条理、井然有序，这些都是逻辑的特点，既不同于粗枝大叶和随心所欲，也不同于墨守成规和迂腐学究。

智力教育旨在养成逻辑习性

毋庸讳言，教育工作者关心的是这种切合实际的具有重要意义的逻辑。智育（不同于德育）的目的是完全的、唯一的逻辑意义上的，即养成细心、警觉和透彻的思维习惯，这一点也许是需要论证的。认知这一原则的主要困难在于个人的心理倾向与逻辑思维二者关系的错误认知，如果假定——事实上我们也经常这样做——二者在本质上没有任何关系，那么逻辑训练将不可避免地被视为某种来自外界的、施加给个人的东西，因而认为将教育的目的与逻辑思维能力的培养联系在一起是荒谬的。

将天性与逻辑相对立

相当奇怪的是，彼此对立的教育理论都认为个人的心理与逻辑方法和成果这二者之间不存在任何固有的联系。

其中一派认为个人的天然本性和功能是首要的和根本的，而天性的趋势不重视纯智力的培育。这一派的箴言是自由、自我表现、发扬个性和自发性，提倡游戏和兴趣、自然成长等。他们不重视有组织的课程和学习材料，认为教育的方法就在于以各种办法刺激和促进个人发扬其天生潜能，按照个人自然的成长循序渐进。

忽视内在的逻辑资源

另一派则高度重视逻辑的价值，但认为个人的天性是嫌恶逻辑，至少是漠视逻辑的。因此这一派强调要依靠课程业已明确和分类的材料，采用各种方法，将逻辑性灌输到人们天性不爱逻辑的头脑之中。这一派的箴言则是强调纪律、教诲、约束、自觉自愿努力，以及强调完成任务的必要性等。按照这一派的观点，在教育中体现逻辑因素的不是态度和习惯，而是学业。只有学习遵守外在科目内容的要求，思想才会有逻辑。为了做到这一点，应首先分析学业内容（通过教科书分析或由教师进行分析）而形成逻辑元素，然后对每一元素加以界定，最后将所有这些元素按照逻辑公式或一般性原则排成序列或组别。这时，学生逐一学习每一元素的定义，逐步叠加而构成逻辑体系，从而做到逐渐从外部为自己配备逻辑素质。

将逻辑因素仅限于课程内容

以地理为例

通过举例，这一描述将变得有意义。假设这一科目是地理。首先是给地理下定义，使之区别于其他学科。然后列出地理学科发展所依据的一些抽象名词，然后一一进行定义，例如地极、赤道、黄道、地带，定义顺序从简单的事物到由其发展而来的复杂事物，然后一些更加具体的元素也排成类似序列，这包括：洲、岛、岸、岬、角、地峡、半岛、洋、湖、海湾等。此法认为，学生掌握了这些材料，不仅获得了重要的信息，而且让自己的思想适应于这些现成的逻辑定义、概括和分类，从而逐渐掌握了逻辑习惯。

以绘画为例

这种方法已应用于学校讲授的所有科目，如阅读、写作、音乐、物理、语法、数学等。以绘画课为例，所有的图形均由直线和曲线构成，最简单的教学程序就是首先让学生学会画各种直线（包括平行线、垂直线以及不同角度的对角线），再学会画各种典型的曲线，最后将直线和曲线按照不同的排列组合起来，形成实际的图像。这似乎提供了理想的"逻辑"方法。首先通过将事物分解成各种元素，然后按照常规序列形成更加复杂的综合体。此时每一元素在使用时均得到了界定，因而可以被清晰地理解。

形式方法

即便是没有遵循这种极端形式的做法，学校，尤其是中学以及小学的高年级，也几乎都是过分注重表面形式。据认为，学生要想取得合乎逻辑的结果，应该使用这样的形式。人们认为，某些步骤按照一定顺序排列后，就能卓有成效地引导学生理解某一科目。因而，我们要求学生分析掌握这些步骤的程序，即学习一套有关陈述的固定模式。尽管这种方法最常用于语法和算术，但同时也渗入了历史乃至文学科目教学；在智力训练的借口下，它也被归结成为纲要、图表以及分类、再分类方案。在复述和模仿成年人统一枯燥的逻辑系统时，孩子一般会抛弃其原本细腻重要的逻辑思维方式。这种给予错误理念的逻辑教学法让教学法背上了坏名声，对于许多人而言，教学法就是一套机械死板、以自我意识为中心的方法，它需要个人思维活动强壮的外部模式来取代。

这类自称为“逻辑”的做法造成的不良后果必然引起学生们的反感，使其学习兴趣下降，日常表现漫不经心、拖拖拉拉，对知识应用明显反感，勉强死记硬背书本知识，有时自己也不知所云。凡此种种都说明这一套逻辑定义、分类、分级和系统理论实际上并不像它所说的那样起了良好作用。相反，它和所有的反应一样，接下来走向了另一个极端。“逻辑”被认为完全是人为的和附加的，教师和学生都对其不屑一顾，转而专注于呈现各自现有的禀性和爱好。强调自然的性格倾向和能力作为唯一可能的发展起点，确实是有益的。但上述反应却是错误的、存在误导的，因为它忽视和否认了重要的一点，即存在于现有的能力和兴趣之中的真实智力因素。

逻辑课所讲的是经过训练的成年人的思维逻辑

人们通常所说的逻辑（就是从教学课程角度所说的逻辑），实际上是指成年人的受过训练的思维逻辑，即能够分解一个主题，界定它的各个元素，再按照一般原则将它们加以分类的能力，而该能力是经过了深入思维训练之后所掌握的逻辑能力。习惯于如此分类、定义、综合、概述之后，就不需要再接受逻辑方法训练了。然而，如果以为人们不经过逻辑训练就没有逻辑思维能力，那是荒谬的。教学课程上所说的逻辑是指思维训练所要最后达到的目标，而不是出发点。

未成年人的思维也有自己的逻辑

实际上，一个人的每个发展阶段都有自己的逻辑。有人以为，自发的思维倾向无逻辑可言，而且是错误的，那是因为他们没有看到，即便在一个小学生的生活中，好奇、推理、实验和检测都已经起了重大作用。这种错误的看法低估了智力因素在个人自发性思维和活动中所起到的作用，因为这种智力因素已经很有教育意义。一位教师只要用心观察正常儿童思维模式所起到的自然而然的作用，就不难看出逻辑并非仅限于逻辑课程中所讲述的内容，不难看出思维教育的真正问题在于将自发的思维能力转化为经受检验的专业思维能力，将或多或少偶然出现的好奇心和零散的联想转化为时刻警觉的、小心谨慎且始终连贯的探索。他会看到，心理和逻辑并非彼此对立、彼此独立，而是正常成长过程之中的前后两个阶段。自然的或者说心理上的思维活动，即使没有自觉地接受逻辑训练，也仍然具有自己的智力功能和健全性；在获得了自觉的、有意识的思维技巧之后，这种思维技巧就成为习惯性的或者第二天性的。前者已经具有逻辑精神，而后者依然具备着固有的习性和态度，仍然属于个人的心理活动，这一点跟个人一时的冲动或随想并无区别。

二、思维训练与自由

对训练的正确和错误看法

因此，思维的训练实际上是结果，而不是原因。任何人的思维都是在某种学科中加以训练的，而这种科目将赋予其独立主动的智力思考和控制。原始的自然天赋通过逐步的训练就会变成有效的力量。只要思维得到训练，得到了控制某种特定科目的学习方法，那么无须外界的指导，思维便能够独立地自我运行。教育的目的就是发展这种独立的、有效的智力——经过训练的思维。这种训练是积极的、有建设性的。

视训练为磨炼

然而，人们通常将训练视为负面因素，它迫使思想痛苦地偏离原本和谐的轨道，使其受到某种限制，这在初始阶段是一种难以忍受的过程，但是对于将来来说，却或多或少地构成了必要的准备工作。训练通常被等同于磨炼，而磨炼通常被机械地类比成通过不断锤打，将一种物质强行融入另一种拒绝此类操作的物质当中；或是类似军训将新兵训练成举动和习惯都合乎要求的好兵。但是后一种训练，不论是否可以称为思维的训练，都不算是智力训练。它的目的并不在于获得良好的思维习惯，而在于取得整齐划一的外在行动模式。许多教师没有弄明白思维的训练是什么，以为它应该旨在培养学生的智力和思维效率，可是他们所采用的方法却是限制和压抑学生的思维活动，使其形成机械死板的思维模式或者心理上的被动和屈从。

将训练视为独立力量或自由

当我们从智力角度认识训练时（将训练视为有效智力活动的习惯性力量），训练的真实内涵就等同于自由。智力上的自由并不是不受阻碍的外在行动，而是能够进行独立思考，能够从盲从别人引导的怪圈中解放出来的

自由与外在的自发性

思维力量。思维的自发性或自然性往往是指偶然出现的、一时的念头，因此教育工作者往往采取种种办法促使学生的思维自发性得以继续下去。这包括提供各种各样的有趣的材料、设备、工具和活动模式，促使学生的个性表现不致萎缩。这种做法忽视了达到真正自由所必须具备的若干条件。

思维所需要的障碍

1. 冲动的、直接的、即时的释放或表现对思维是致命的。当这一冲动在某种程度上受到抑制或反弹时，才会出现反思性思维。若是以为必须从外部布置任意性的任务，才能提供思维所必需的困惑和困难因素，那就是愚蠢的错误。凡是具有一定深度和广度的、有活力的活动，在其努力自我实现的过程之中，都必然会遇到障碍——因此，再寻找人为的或外部的问题就完全是多余的。对于经历发展内部呈现出来的困难，则应引起教育工作者的重视，因为这些困难正是引起深思的天然刺激因素。自由并不是让外在的活动保持畅通无阻，而是在于通过个人内在的思索，找到一条出路，来摆脱阻碍其自发思绪顺畅的困难。

智力因素是自然的

2. 只强调心理和自然因素，但却忽视了自然成长的每一阶段都由好奇心、推理及尝试的愿望构成，是不可能保障其自然发展的。在自然成长过程中，每一个连续活动阶段都不自觉地、彻底地为下一个阶段的成熟表现准备条件——如同植物生长的周期一样。没有证据支持“思维”是一种独特的、孤立的自然倾向，这种倾向在适当的时节会不可避免地爆发，仅仅因为各种感官和肌肉活动之前被自由地表现了出来，或者说只是因为观察、记忆、想象和动手能力已经在之前缺乏思考的前提下实施了。只有在使用感官、肌肉指导、应用观察以及运动时不断地运用思维，才会为更高阶段的思维活动打好基础。

现在流行一种看法，说童年是几乎完全没有反思性思维的，在童年阶段只有感官、肌肉以及记忆力的成长，而到了青春期才突然呈现出思维和理智。

思维与人的所有智力活动同时开始出现

然而，青春期绝不是魔法的同义词。当然，青春期会扩大童年时期的见识，会对引起更大关注的事件和问题表现出怀疑态度，会对自然和社会生活采取更宽更广的视点。这一发展会让人们有机会发展比童年时期更加全面和抽象的思维。可是思维本身仍然如前，是追随生活中的所见所闻和诸多感受，并检测由此联想到的结论。思维在婴儿时就已经开始，婴儿玩的球丢了，他就会想到尚不存在的事情，就是要把球捡回来，会预见到怎样实现这一可能的步骤，以自己的想法指引自己的下一步行为，通过实验检验自己的想法是否正确。童年时期就有思维的积极活动，只有充分发扬这一思维要素，到了青春期才会有出色的思考能力，并随着年龄增长而进一步发扬这一能力。

改正不良的思维习惯

3. 不管怎样，良好的思维习惯正在慢慢形成。如果没有养成仔细查看事物的习惯，就只会行事匆匆、粗心大意、急躁草率；如果没有养成连续追踪联想的习惯，就只会随意地进行跳跃式的猜想；如果没有养成暂时搁置判断，转而通过实验检测推理的习惯，就只会时而轻易相信，时而轻率怀疑；即在这两种情况下，某人会根据一时奇想、某种情绪或者意外情况，时而决定相信，时而决定不信。唯一能够获取仔细、深刻和持续的思维特性的方法（特性，如我们所见，是指“逻辑”的组成要素），就是从一开始便注重这些特性的训练，并在环境需要时，保证呈现前述特性。

真正的自由在于思想自由而并不在于身体自由

总之，真正的自由在于思想的自由，在于训练有素的思维能力，使之能够遇事时周密思考，下决心前要仔细想想所需要的根据是否齐全，若不齐全，应如何继续搜寻。若不是深思熟虑才采取行动，那就会让自己听命于心血来潮，行为或是轻率鲁莽，或是随波逐流、听天由命。若是从外部创造条件让人无忧无虑，不动脑筋，反而会害了此人，让其听从欲望、感觉和环境的摆布。

第二部分

PART TWO

逻辑的探讨

第六章　完整思维行为的分析

我们在本书第一章简略讨论了反思性思维的性质，在第二章又谈了思维训练的必要性。接着我们谈了思维训练所需要的自然资源、所需面对的困难和训练的目的。这些讨论的目的在于向学生呈现思维训练中的一般性问题。现在我们将要进入本书的第二部分，目的在于较为充分地说明思维的性质及其正常情况下的成长与发展，并为讨论本书最后一部分，即思维教育将会遇到的一些特殊问题做好准备。

第二部分的目的所在

在本章，我们将分析思维过程的各个步骤或基本组成部分，分析所用的材料都是极其简单但却真实的反思性思维经历。[1]

实际思维的一个事例

“几天前，我在市中心第 16 大街时，注意到了一座时钟。我看到钟上的指针指向 12 点 20 分。这时我想，1

1　这几篇材料基本上都是我一字不差地录自学生们的课堂作业。——原注点钟的时候，我在第 124 大街有一个约会。我开始琢磨时间问题：我乘坐路面车辆来到这里花费了一个小时的时间，如果再以同样的方式回去，那么我就很可能迟到 20 分钟。坐直达地铁也许会省下 20 分钟。可是这附近有地铁站吗？如果附近没有，那么寻找最近的地铁站就会花费我 20 分钟的时间。我又想到了高架铁路，并且看到了两个街区以内有高架铁路线。但车站呢？假如需要往北或往南再走上几个街区才能找到高架铁路车站，那么我就省不下时间，反而会耽误时间。我回头想地铁，它比高架铁路快，我还想起来有一个地铁站靠近我要去的位于第 124 大街的约会地点，那样的话，当路程结束的时候，我就可以省下很多时间。于是我决定坐地铁，最后果然在 1 点钟到达了我的目的地。”

根据现实进行思索的一例

“每天乘坐渡船过河的时候，渡船甲板上方伸出一根白色长杆，其在水面上的投影几乎呈水平状态，长杆顶端还有一个镀金的圆球。我第一次见到它，觉得它像一根旗杆：它的颜色、形状和杆顶的镀金圆球都证明了它就是旗杆，这样的推理似乎证明了我的信念是有道理的。但很快这种推理就遇到了困难。旗杆通常是竖立的，而它却横着，几乎呈水平状态。而且，横杆没有配备滑轮、轮圈和绳索。最后，在旗帜飘扬的旗杆旁边，还应有两名旗手挺直站立。因此，该横杆很有可能不是旗杆。

这时，我开始联想有关横杆用途的种种可能。（1）它会不会是装饰品？可是所有的渡船和拖船都有类似的杆子，因而它不像是装饰品。（2）会不会是无线电天线杆？但进一步想想，这种可能又被否定。天线杆合适的位置应该是船舶最高处，即驾驶室顶端。（3）那么，它会不会被用来导航船只航向？

为了支持这一结论，我发现该横杆位置是在驾驶室前下方，因而舵手能清楚地看到它。而且，横杆根部低顶部高，因此以舵手的视角沿着此横杆望去，可以看到船舶正前方很远的地方。因为舵手处于整个船只最前方，因而可以通过横杆掌握船只航向。这种假设比其他假设更有道理，所以我接受了这个结论：即这根长杆是用来指示航向的，它有助于舵手正确掌舵。”

伴有实验的反思性思维事例

“我用热的肥皂水清洗玻璃杯，再将杯口朝下放置在盘子上，出现在杯口外沿的泡沫会钻进杯口里面。这是为什么？气泡表明有空气存在，我觉得那空气一定来自玻璃杯内部。盘子上的肥皂水阻挡杯内空气的出路，所以冒起了气泡。但空气为什么会从玻璃杯内排出呢？

并没有什么设备在杯内排挤空气。空气一定是膨胀了。热度升高或压力增大，或二者同时发生，空气就会膨胀。玻璃杯从热泡沫水中取出后，空气就会变热吗？显然不是已经溶入水中的空气。如果原因是热空气，那么一定是把杯子从肥皂水中取出并放到盘子上时进入杯内的空气。为了检测这个想法正确与否，我又从水中取出了几个杯子。有的杯子取出时，我把它们晃了几下，保证杯内进了冷空气。有的杯子取出时，我小心地让杯口朝下使冷空气无法进入。前几个杯口都出现了气泡，而后几个则没有。因此我的推理一定是正确的。冷空气进入热杯子就膨胀了，因此在杯口外沿冒起了气泡。

可是气泡为什么又会进到杯子里面？是热胀之后，又冷缩了吗？杯子凉了，里面的空气随即也就凉了，因而杯里张力消失了，所以杯子里面就冒起了气泡。为了弄清楚这一点，我在杯子刚刚被取出、里面还留有余热、杯外冒气泡的时候，用小杯子盛装冰块并将其放在大杯顶端。很快，气泡就从里面冒了出来。”

三个事例形成一个系列

我们有意选出以上三个事例，使之形成一个系列，由简到繁地展现了反思性思维的过程。第一个事例是每个人在日常生活中都会进行的思维，在该思维过程中，无论是思维内容还是思维方式，都无法逃脱日常经历范围。而第三个事例则比较复杂。无论是要解决的问题还是所使用的解决办法，都只可能发生在受过科学训练的人身上。第二个例子是思维的一种自然转变，其思维内容是日常生活中常见的，思维者也不需要接受什么专业训练。然而这一问题与他的日常生活并没有直接关系，而是他在某个活动中间接想到的，因此他对其产生了某种理论性的和无偏见的兴趣。在本书之后的章节中我们将会谈到从比较实际和直接的感触引发抽象思维的问题。在这里，我们只谈各类思维中通常共有的元素。

仔细查看上述三个事例就能看出，它们都多多少少包含逻辑上的五个不同步骤：（1）感受到的困难、难题；（2）对它进行定位和定义；（3）想到可能的答案或解决办法；（4）对联想到的结果进行推理；（5）通过进一步观察和实验肯定或否定自己先前得出的结论，即树立信念或放弃信念。

1. 上述的第一个和第二个步骤往往结合在一起。感知困难时便已经对其进行了确切的认识，而且同时调整思维对最有可能的解决办法进行思考，或许刚开始人们会感到一些无法捉摸的不安、惊讶，可是这些情绪最终　困难出现只会引导人们进行切实的尝试以便解决问题。不论这两个步骤是存在差别的还是混杂不清的，我们上文中已提出的反思性思维的起因都是存在的，即存在困惑或问题。在上述的第一个事例中，困难在于现时的处境与自己想要达到的目的或结果二者之间的距离，或者说冲突，即目的与手段之间出现了问题。目的是在特定时间赶赴约会，而从现时所在的位置如何做到准时赴约，需费力思考解决方案。现时的处境是无法改变的，时间也不会倒退，第 16 大街与第 124 大街之间的距离更不会缩短。要通过思维找到一种解决办法，使其能在现时的处境中圆满达成自己的目标。

①困难在于用什么手段达到目的

②困难在于识别事物的性质

在上述的第二个事例中，困难在于自己最初想到的和暂时持有的信念（以为那根杆子是旗杆）与其他事实不相符。现在假定用三个字母 A、B、C 来代表旗杆的特性，用另三个字母 P、Q、R 来代表与旗杆不相符的特性。这两方面的特性原本并不矛盾，但出现在同一事物上就无法相容了。这时就需要通过思维，发现这两方面的特性如何统一于同一物体上。这就需要想到它们之间的一些特性（用字母 D、G、L、O 来代表的驾驶室的位置、船头长杆的位置、方位以及需要有标杆显示的航向），使得两方面的特性结合到一起。

在上述第三个事例中，观察者本来习惯于自然法则和规则性，却发现气泡在杯口外沿和内沿的冒法很奇怪或者很异常。思维要解决的问题是如何从这些表面看似不寻常的情况还原为明确的法则能解释的例子。解决问题的方法也是在这二者之间找出将其联系起来的中间项。

③困难在于解释未曾料想到的情况

2. 如前所述，在前两个步骤中，人们首先感受到矛盾或困难，接着通过观察界定困难的特点，在给定的实例中，二者被结合了起来。但在遇到格外新奇或格外令人困惑的事情时，最初感受到的困难形式是惊讶，如同情感上的波动一样，对于意料之外的、古怪的、奇怪的、有趣的或者令人不安的事情还没建立起明确的认识。在这种情况下，就需要进行必要的、周密的观察，揭露困惑所在或者弄清问题的具体特点。从较为宽泛的角度考虑，这一步骤存在与否，关系到了反思性思维恰当与否，是严谨推理还是随意思索。如果不经过一番苦心来判明困难的特点，那么对解决困难的联想就或多或少是偶然的。设想一个医生给一个病人治病。病人会首先诉说自己有何不适，医生凭借经验还会查看病人身上的另一些征候。这时这名医生会联想到某种疾病，然而他若是不

弄清楚困难的特点

做进一步检查就过早得出结论，就太缺乏认真负责的职业精神了。判断一位医生是否能干，很重要的一点就是看他是不是会防止自己先入为主，甚至是有意地防止自己过早地形成明显的看法，是不是一定要经过仔细周到的检查之后，才查明病情，弄清疾病的特点，进而得出结论。只有如此做才称得上是诊断。在遇到任何复杂和新奇的情况时，都应当如此，以便防止草率得出结论。审慎思维的实质不是急于做出判断，而是先要查清问题的性质，然后再考虑解决问题的办法。这首先就是将推测变成检验过后的推理，将最初的联想变成经过证明的结论。

联想到的可能的情况

3. 第三个因素是联想。当一个问题出现时，让人感到困惑的情况会要求人们想到某些并不在眼前的事物。例如在第一个事例中，“我”从现时处境想到了地铁和高架铁路；在第二个事例中，“我”从旗杆印象想到装饰杆和无线电杆；而在第三个事例中，“我”从肥皂水气泡想到空气的热胀冷缩。(1) 联想是推论的核心。它从现有的事物想到缺失的事物。因此，它或多或少带有投机色彩，具有冒险性。因为推测要越过呈现于眼前的事物，因此它是思维的跳跃；不论事先采取了什么样的措施，都无法预先绝对保证它的正确性。控制联想的因素是间接的，一方面它包括良好思维习惯的养成，既积极进取又谨慎小心；另一方面它也包括联想时所感知的特定事实的选择和排列。（2）联想到并试探性地为人们所接纳的结论还只是一种想法，还未被人们完全接受；其同义词包括假定、推测、猜想、假设命题，在详尽描述的例子中还可以称之为理论。在悬而未决的信念或者推迟接受的最终结论得到进一步证据证明之前，其可部分地依靠对立推测来决定最佳求证方法或者依靠可能性最大的解释，因此，用心养成若干不同的可替换联想方式，是养成良好思维的一个重要因素。

推理过程

4. 对问题有任何想法时，需要进一步思索它的意义——用比较专业的话来说，就是要思考它的内涵——这一过程就称之为推理。从一定的事实推论出一定的想法后，就要对这一想法加以推理。在上述第一个事例中，当想到高架铁路后，就要进行进一步思索，想到寻找高架铁路车站会遇到困难，走到车站也会耗费时间，下车后走到目的地又需要时间。在第二个事例中，想到横杆是旗杆之后，进一步想到旗杆应是直立的；想到天线之后，又想到天线应该安装在船舶最高处；想到装饰品之后，又想到其他船只都配有这种横杆；最后想到横杆指示航向的作用，才觉得合乎情理。

推理对于联想的解决方案所起到的作用类似于更加细致广泛的观察对解决原始问题的作用。更加透彻地查看问题有助于阻止人们接受初始形态的联想。一眼就得出的推测在仔细推敲后往往是不恰当的，甚至是荒谬的。即使是一种推测经过推理以后仍然站得住脚，这一推理过程也会使它变得更加贴切、更为合适。例如，在上述第二个事例中，想到指向杆以后，再琢磨推理，就得到自己满意的答案了。有时，最初看似可能性微乎其微的推测，在反复思量过后，反而被证明是恰当的、真正能解决问题的答案。通过推理，可以将最初显得似乎不相关的两个极端连接成为一个整体。

证实看法，而得出信念

5. 最后做出结论的步骤，就是对推测到的观点进行实验性确证或者确认。推理显示，如果某观点被予以采纳，某些结果就会随之而来。到目前为止，该结论还处于假设或者依据条件予以接受状态。如果我们目前搜寻并且发现了该理论所需的所有条件，而且我们发现了相反选择中缺少其所需要的典型特点，那么相信并且接受该理论几乎就不受阻碍。有时候，通过直接观察即可完成这一证实过程，上述第二个事例即是如此。而上述第三个事例（冒气泡）则表明，有时候还需要做实验加以证明，即按照自己的假设布置相应的条件，看看自己在理论上推出的结果是否会真正实现。若是实验的结果与自己理论上推断出的结果相符，就证明在一定条件下会产生这样的结果，随即即可表明这一见解得到了证实，可以得出结论——至少在有相反的事实要求修正这一结论之前是如此。

头尾观察，中间思索

在整个过程的开始和结尾，都要进行观察。在开始，要通过观察弄清问题或困难的性质；在结尾，则要通过观察检验自己推理得出的结论是否正确。在这两端之间，需动脑筋思索，先是推测、联想出可能的解释或解决办法，然后进行推理，弄清上述见解的意义和内涵。推理要求进行一定的实验性观察以求得证实，但只有在初步推理得出的见解基础之上进行实验，该实验才会经济实惠且富有成果。

思维训练要能适当完成上述各步骤

思维训练的目的就在于养成逻辑思维的习惯，能在任何情况下准确判断上述每一步骤该走多远以及如何恰当地完成。养成良好思维习惯的过程中，绝对没有固定的规则可遵循。因为情况各不相同、偏重不同、长短各异。在一种情况下想得太多是愚蠢，不合逻辑；而在另一个情况下则相反，考虑不周就会犯错误。在一个极端，需要迅速下结论，处置宜早不宜迟；而在另一个极端，则应该经过长期斟酌才下决心，甚至要将某事搁置一生之久再行定夺。训练有素的思维应是能恰到好处地完成每一情况所需的观察、联想、推理和实验性检验活动。除此之外，还要学会善于吸取教训。重要的是，应使思维对问题敏感，做到触发思维和解决问题均熟巧老练。

第七章　系统推理：归纳和演绎

一、思维的双向运动

在事实和内涵之间来回思索

我们已经看到思维特有的结果，即按照事物本来面貌，将一些本来孤立的、零碎的、不一致的事实和情况组织起来。实现组织事物的办法就是引入一些连接环节，即逻辑学中所说的中项。那些本来存在的事实构成了数据，即可供反思性思维思考的原材料，它们缺少连续性，使反思性思维感到困惑，同时也激发反思性思维进行思考。随后，具有某种意义的联想如果能够得到证实就会发挥作用，将那些零碎的、看似互不相容的信息各自归位，构成一个整体。联想到的意义提供了一处思维的平台，一种聪明的观点，通过该意义能够更加仔细地注意、界定那些数据，进行更多的观察，并通过实验组织变更条件。

归纳和演绎

因此，思维表现为双向运动：从一些给定的部分、凌乱的数据，联想到综合的（或包含的）整体情况；再从这一整体（一定的内涵和外延的意义，一种看法）回过头来思索那些具体的事实，使它们互相连接，包括与留心联想到的事实相连接。简单地说，前一思维运动是归纳，后一思维运动是演绎。一次完整的思维包含着这两种运动，即包含着观察到的（或回想到的）一些特定的思考与综合、深远的总体思虑之间的有成果的互动。

匆忙与审慎

然而思维的这种来回运动既可能是随意的和未加严密思索的，也可能是严谨和精心安排的。无论如何，思维意味着弥补经验中的差距，将本来互相隔开的事实或情况连接到一起。但是，我们可能只是匆忙从一点考虑跳跃到另一点考虑，避免多伤脑筋；也可能坚持细想走过的路以建立起联系。总之，我们可能愿意接受任何一种似乎看似合理的联想；也可能要仔细搜寻更多的因素，找出新的困难，推敲已推测到的结论是否能真正解决问题。后一种做法包括明确形成连接的环节，提出一条信念，逻辑学术语称作使用一个全称命题。这样，如果我们明确表述出整个情况，原先的数据就变成推理的前提；最后的信念则是逻辑的或者说理性的结论，而不只是一个事实上的结束。

前提与结论：关系的连续性

将孤立的事物连接成一个连贯的、单一的整体之所以重要就体现在暗示前提与结论之间关系的所有阶段当中：（1）前提被称为结论的根据、依据和基础，前提构成、支撑和支持结论的得出。（2）我们从前提“得出”结论，也从结论“推导出”前提，恰如我们可沿着江河源头追溯到其入海口所在位置，也可从入海口追溯到其源头所在位置一样。所以结论源于、来自或者取自前提。（3）结论一词本身就表明它是将前提中列出的各种不同因素归结、总结、联结起来的。我们说前提“包含”结论，结论也“包含”前提，因此突出了我们感官的包容性和综合性，以及与推理特性紧紧相连的特质。[1] 总之，系统推理意味着，承认原先无组织和无联系的一些想法（思考）之间存在着一定程度的相互依存关系，而这一承认源于对新的事实和属性的发现与增添。

科学的归纳和演绎

然而，如同思维简单的双向运动一样，这种较为系统的思维也包含着通向联想或假说的运动以及回归事实

1 见瓦伊拉蒂《哲学、心理学与科学方法》杂志（*The Journal of Philosophy, Psychology, and Scientific Methods*），第 5 卷，第 12 页。——原注

的运动。区别在于，这一过程的每一个阶段都完成得更加小心谨慎。必须符合一定条件才可提出和进行联想。不可以匆匆忙忙就接受那种看似有理、看似能解决问题的想法；这些想法必须符合一定的条件，而且经得住进一步的探究。这种想法只是作为一种“工作假说”，用以指引调查和发现新的事实，而不是作为最后的结论。当思维运动的每一步都仔细地进行，而且尽可能做到步骤准确无误时，走向建立观念的运动就称之为归纳性发现（简称归纳）；而走向展现、应用和检验的运动则称之为演绎性证明（简称演绎）。

特殊命题和全称命题

归纳是从零碎细节（或者称为特殊命题）走向针对某种情况的连贯观点（或者称为全称命题）；演绎是从全称命题走向特殊命题，并将这些特殊命题联结在一起。归纳性运动是要发现能起联结作用的基本信念；演绎性运动则是要检验这一基本信念，即检验它能不能统一解释孤立的细节，从而在此基础上将它予以肯定或否定或修正，从而形成统一的体验。我们在完成每一个思维的过程中，都会考虑到另一思维过程，使之彼此参照，以便得到有效的发现或者得到经过验证的重要思维。

现在用一个普通的事例来进一步说明这一道理。一个人出门时，他的房间是整整齐齐的，可是他回来后发现房间一片混乱，东西凌乱地散落一地。他立刻想到，可能有小偷进过房间。虽然他不曾亲眼看见小偷，家里被盗不是通过观察得出的事实，而只是一种思考、一个观点。在他脑中并没有特定的小偷形象，而一种关联性让有关盗窃行为的一般形象浮现在了他的脑海中。他从房间里的物品状态得到感知，而且其情况是具体的、确定的、确实的；可是房间遭到盗窃则是通过推测得知的，具有一般性质。房间状况是事实，是确定的、不言而喻的；而出现小偷是内涵，可能对事实做出解释。

一个日常生活中的事例

截至目前，他只是根据眼前的事实进行推想，该推想是一种归纳性思维。这种归纳性思维还让他想到这也可能是他的顽皮的孩子们干的。这是另一种可能的解释，另一个假说，因此他一时之间还难以得出定论，而是需要进行判断。

归纳

这时，演绎思维开始运作了。在已有联想的基础上，需要做进一步的观察、回忆和推理。他想，如果这真是小偷做的，就应该同时发生其他相关的事件，他的一些值钱的东西就会丢失。这样，他的思维就是从一般性推理转向具体事实推理，但不是回到原先的特殊命题

演绎

（那将是无果的，只是在做无用功而已），而是转向新的特称命题，即新的细节，发现或者漠视这些细节将对检查具有一定规律的事件起到作用。他转向放有值钱物品的箱子，看到其中一些物品不见了，但是其他物品还在。也许那些不见的物品是他自己移动的，只是他已经不记得了。因此，这一检验没有解决任何问题。这时，他想到了壁柜里的一套银质餐具，因为孩子们是不会移动它们的，他本人也不会漫不经心地挪走它们。于是，他打开壁柜查看，发现所有银质餐具都没有了。于是，房间进过小偷的猜想被确认了。他又查看了门和窗，门窗有撬损的痕迹。入室盗窃的猜想进一步得到证实，原本孤立的事实汇集成了彼此连贯的整体。如果联想是正确的，最初联想（归纳）的想法被用来对确定的，但却未曾经历的额外细节进行推理假设。紧接着新的观察显示，理论上需要的细节信息出现了，也因此，该假设过程得到了巩固和证实。思维在观察到的事实和假设观点之间来回运动，直到原先一些不相关联的细节构成了对事物连贯的体验；若不是这样，那就说明整个思维过程没有取得成功。

学术界也用事例阐述了类似的态度和行动，只是阐述得更加仔细、精确和透彻。这样下过一番功夫之后，就出现了专业化分类，即针对各种不同类型的问题加以明确区分，针对各类型问题相关联的材料加以分类。本章将在之后的内容中讨论学术界正在进行的发现、展示和检验内涵外延的手法。

二、归纳性思维运动的引导

引导是间接的

控制联想形成的过程必然是间接的、不完善的。因为所有发现和理解都涉及了新的思维，都是从已知的、现有的事物走向未知的、缺失的事物，因此不可能有什么规则能保证推理正确。一个人在某种情况下会产生什么样的想法，这取决于他的素质（独创能力，天分）、性情、主要兴趣之所在、阅历、早期所处的环境、过去经历的主要内容、专业知识、近期显著并持续思考的事情，等等。在一定程度上，这还取决于当时当地各种情况的偶然组合。这些因素主要存在于过去或是外部，因此显然是无法调控的。一种联想可能只是简单地出现了或者没有出现；这种或者那种联想只是发生了、出现了、涌现了。但是，先前的经验和培训已经演化成了一种态度，使之在怀疑的状态下保持耐心，这是一种搁置判断的能力，而喜好探寻、间接控制联想过程的做法是不可能的。个人对于产生联想的那些事实可以加以重新审视、修正、陈述、放大和分析。从技术上讲，归纳方法与调控观察、记忆以及接受他人证词（即提供新数据的行动）所需的条件存在关联。

间接调控方法

现在假定一方面存在事实 A、B、C、D，而另一方面存在个人的某些习惯，联想在此情况下将自然而然地产生。但是，如果事实 A、B、C、D 经过仔细审查而演变成事实 A′、B″、R、S，由此产生的联想自然就与原先不同。要查清事实，准确地和缜密地看清它们的特性，将那些模糊不清的事实加以放大，将那些炫目耀眼且分散注意力的事实加以压缩，正是用这样的办法来修饰那些引发联想的事实，从而间接地引导联想推理的形成。

医生诊病一例

试以医生进行诊断为例来说明这一归纳过程。有科学头脑的医生不会只看病人的表面症状就匆忙得出诊断结论。病人的一些症状很像伤寒，但他会避免草率地得出这一结论，甚至避免相关的强烈联想，而是先从许多其他方面扩大他已经掌握的数据，再用心审视。他不但要问病人感觉如何和发病前的活动情况，而且还要亲手触摸（包括使用专门工具），查看病人自己未能完全感受到的事实。他要准确了解病人的体温、呼吸和心率，记录其变化。他一定要用种种办法更加广泛细致地掌握病人情况，然后才会加以归纳。

简言之，科学归纳意味着，所有观察和积累数据的过程均会受到调节，着眼于促进说明性理念和理论的形成。这些手法均应致力于选择那些能为联想或观念的形成提供有分量、有内涵依据的确凿事实。具体说来，这一选择过程包括：（1）通过分析，排除那些很可能造成误导且毫不相干的事实；（2）收集情况并加以对照，突出重要的事情；（3）通过实验变量，慎重构建资讯。 科学的归纳

1. 人们常说，要学会区分观察到的事实和基于该事实而做出的判断。实事求是地说，这样的建议无法执行。对于每件观察到的事物，如果该事物有任何内涵，就可以用感知到的或者事实上呈现的事物对其内涵加以巩固。如果将这一内涵除去，那么剩下的事物便变得空洞无物。当A说："我看到了我的兄弟。"这里的"兄弟"指无法为人们感知或者观察到的关系，是对状态的推理。如果他这句话改成"我看见了一个人"，这种分类因素、这种智力推理并不复杂，但是仍然存在。这句话若是进一步 排除不相干的意义

改为“我看见了有颜色的东西”，则其体现了某种更为初步、更不明确却仍然存在的关系。从理论上说，这种“有颜色的东西”甚至可能根本不存在，而只是视觉神经的错觉。然而，学会将观察到的事物与推理而来的观念加以区分，仍然有着重要的实际意义。这就是说，有的推理若是根据经验来看，极有可能是错误的，应予以排除。在通常情况下，一个人说“我看到了我的兄弟”是不必加以简化的，不必将“我的兄弟”简化为“一个人”或者其他事物。然而，一个人说“我看见了有颜色的东西”，就成了真正的问题。这“东西”可能存在，也可能不存在，是视觉神经受刺激而产生的错觉（例如受打击时“两眼直冒金星”）或是血液循环紊乱造成的错觉。有科学思维的人懂得，若是自己遇事就下判断，就有可能在匆忙之间犯下错误，因此，一定要对此保持警惕，防止自己的习惯和先入之见的观念导致得出错误的结论。

下结论的要领

因此，科学探索的要领包括排除过于草率的“解读”内涵的程序；而其方式方法旨在针对待解数据给出纯粹“客观”的、毫无偏见的解释。通常面颊发红意味着体温升高，脸色苍白则意味着体温降低。使用医用体温计可自动测出实际体温，因此能够检验某个特例中习惯性联想可能导致错误的事实。各式各样用于观察的工具，包括仪、表、计、镜等在科学研究中都扮演了一定的角色，帮助消除习惯、偏见、过度兴奋或热切期盼以及当前流行的现存理论的影响。各种摄影和录音器材、记波器、曝光计、地震仪、体积描记器等设备能够提供可长久查阅的记录，可供不同的人使用，亦可供处于不同心理状态的同一个人使用。这样，由于个人习惯、愿望以及近期经历而出现的纯个人偏见，就可以大体上得到排除。用大众的话来说，就是要客观地判定事实，而不能主观地予以界定。这样，过早阐释的趋势就会得到控制。

2. 另一个重要的控制方法，在于借鉴多个事例进行对比。在检查一车谷物的质量时，只检查其中一部分是不够的，而是要从不同部位取出不同部分加以对照。若是它们质量都一样，那当然不错；若是它们质量参差不齐，那就需要再抽查足够多的样品，把多种样品仔细拌和在一起，再评价其质量。这一例子大致表明了归纳科学的控制方法，即要多观察、多取证，不要只凭一种或很少几种情况就下定结论。 多个事例

归纳方法的这一方面确实很重要，所以人们往往把

这一方法并不是归纳的全部

它视为归纳的全部。他们认为所有的归纳推理都立足于收集和对比一些类似的事例。然而，这种收集和对比的做法只是在某种单一事件中为确保结论的正确性而采取的次要的做法。在抽查一车粮食的质量时，只抽查一部分样品，也是归纳，而且其在某些场合还属于一种合理的归纳；而多抽取一些样品，则是为了让这一归纳更加可靠，更可能正确无误。在上文中谈到的判断房间遭遇小偷一例中，是在审视了并不相似且性质不同的情况之后，才做出小偷来过的结论。当问题一时模糊不清而难以判明时，就需要对一些并不相似的事例加以对照，而收集类似的事例并加以对照只是为了让归纳更有把握。考虑众多事例的目的，是选择重要的或可作为证据的特征，作为在某种单一事件中进行推理的基础。

不同点与相似性同样重要

因此，在已审视事例中，不同点和相似点一样重要。对照，如果没有对比，就不会达到合乎逻辑的结果。倘若我们对其他事物观察和记忆的程度仅仅是重复了对已有案例的观察或者记忆，那么就推理而言，我们的所作所为无异于让原来的单一事实决定结论。就抽查不同样本谷物一例来说，重要的是抽取的样品应不相同，至少就提供样品的这一车粮食而言是这样的。若不是这种不同点的存在，粮食质量相同对于推理就毫无意义。从逻辑上说，比较相似点与不同点总是联系在一起的。如果我们让儿童观察植物种子怎样发芽生长，虽然有许多种子，但都放置在相同的环境里，孩子是不会从中悟出什么道理的。但若是将一些种子放在沙子里，一些种子放在土壤里，另一些种子放在一卷吸墨纸上，而且每一种环境又分浇水和不浇水两种不同情况，那么对照这些不同因素，孩子很快就会懂得种子发芽生长的必备因素是什么。总之，一个人在进行观察时，既要用心观察相似的情况，也要用心观察不相似的情况，尽可能广泛地对照各种不同的情况，才能判断出解决问题的证据是什么。

例外和相反情况的重要性

另一种突出不同点重要性的方式在于科学家重视反面事例，即重视那些看起来似乎符合要求，但实际上与事实并不一致的例子。一般情况下，反常的事例、例外的事例以及某些其他事例在很多方面会表现出一致性，但是在重要时刻却表现不同。这种情况很重要，因为科学家们想出了许多办法来发现、记录和铭记这些对比鲜明的事例。达尔文曾指出，一些与人们所偏好的归纳有出入的情况很容易被忽略，因此他有意识地将其养成一种习惯，不仅用于寻找相反的事例，也用于记录注意到的或者想到的例外情况，否则的话，这些情况将很容易被遗忘。

三、条件的实验变异

实验是引进对照因素的典型方法

我们在上文中已经提到过归纳法这一因素，无论在哪里，只要归纳法适用，它就是最重要的。从理论上说，“正确合适”的例证就足以构成推理的基础，其作用不亚于一千个例证。然而“正确合适”的例证极少自发地出现。我们不得不寻找这样的例证，有时还不得不制造它们。如果我们仅以案例的本来面貌对待它们，不管是一个案例还是多个案例，那么这些案例只会包含多数这样的信息：与当前问题不相关的信息；所含信息与当前问题相关，但是其内容非常模糊或者隐蔽。实验的目的，就是要按照预先设想好的计划，采取有规则的步骤，构成典型的、关键性的事例，使之能够显著启迪我们如何解决所面临的难题。所有的归纳方法（如前一小节中所述）均有赖于调节和控制观察、记忆的条件，而实验则是最佳的调控方法。我们力图清楚地识别进入我们观察视野的每一种因素及其运行模式和运行量。如此构建观察，就是实验。

实验三大优点

通常的观察只是等待事件发生或事物的呈现，而经过实验进行的观察则显然有许多优越性。实验能克服我们所要观察的事实的以下缺点：（1）罕见性；（2）微妙性和纤细性（或剧烈性）；（3）固定性。杰文斯[1]在他的《逻辑基本课程》一书中对此也进行过阐述：

1.“我们也许要等待几年或几个世纪才会碰巧遇上可在实验室中制造的事实。倘若当初我们只是等待自然的馈赠，并且我们也碰巧发现了这些馈赠，那么现在已知的多数化学物质以及许多十分实用的产品就根本不会出现了。”

这一引语说明了在自然界中，某些事实，甚至一些很重要的事物的出现频率或概率是极低的。杰文斯接着指出自然界有很多微妙的现象，而在日常生活经历中，人们很难遇到这些现象。

2.“电无疑运行于物质的每一个粒子之中，而且每分每秒不停歇。古人大概也注意到了电在磁石、闪电、

1　杰文斯（1835—1882），英国经济学家，逻辑学家。——译注

北极光以及琥珀摩擦中的情形。但是闪电中的电威力太大、太危险，而存在于另几种形式中的电又太微弱，难以让人们适当地理解。只有当人们能从普通的发电机或伽尔伐尼电池得到源源不断的电力供应以及能够制造大功率的电磁体之后，关于电和磁的科学才会得以发展。电的作用，即使不是全部也是大部分，一定都进行于自然界之中，只是太模糊，让人费解而无法观察。”

杰文斯接着谈到，在一般经验条件下，那些只有在各种情况下以固定统一的状态呈现于人们眼前的现象才会为人们所理解。

3.“例如人们看得见的碳酸是从燃烧的炭中冒出的气体。但是它遇到极高压力和较低的温度时，会凝结成液体，甚至变成同雪一样的固体。许多其他气体也有相似的变化，即变成液体或固体。有理由认为，只要有足够合适的温度和压力的变化，每一种物质都能呈现为固体、液体和气体三种状态。与此相反，若是仅仅观察自然界，就会以为几乎所有的物质都只会呈现为一种状态，而不会从固态变成液态或从液态变成气态。”

不同学科的科研人员都已研制出不同的方法来分析和重新阐释人们所经历的各种事实，从而让我们能够避开老旧凌乱的联想，转而以适当的形式和角度理解事实，摆脱含混不清的、有限的解释，从而得到准确的和影响深远的解释。详细介绍这些方法需要撰写多本厚重的书籍。但是好在所有的归纳探索方法都着眼于一个目的，即间接调控联想功能，或者说间接调控概念的形成。基本上，这些方法最终演变成选择和安排所描述目标的三种类型的某种组合。

四、演绎性思维运动的引导

演绎对于引导归纳的价值

在直接讨论这一话题之前，我们必须注意，对归纳进行系统的调控有赖于掌握一些一般性原则，能以演绎方式应用于审视或构建出现的问题。如果一位外科医生不懂人体生理学的一般原理，在具体情况中，就很难判明他所接诊病人的病情哪些是特别重要的、哪些是特别特殊的。如果他懂得血液循环、消化和呼吸的原理，他就能推断出某个给定的病例中，病人在正常情况下的正常表现应该如何。这些考虑给医生判断提供了基准线，从而在给定病例中，超越正常的以及不正常的情况便会得以诊断。这样，手中问题的性质就得以定位，问题得以解决。精力也不会浪费在表征明显但与病例毫不相关的特征分析上面；而是集中在那些并不明显但需要分析的特征上。一个完整提出的问题只得到了一半答案，也就是说，能够为人们清楚理解的问题本身就蕴含着答案。而对于一个模糊不清、杂乱无章的问题，就会引导人们不断地进行探索、摸索。为了使所提问题明确而有成效，就必须运用演绎法。

推理到完备

然而，通过演绎掌握假说的起源和展开，还不只是停留于锁定问题所在。概念刚刚呈现时，还不完善、不完备。我们在第六章中已经谈到，演绎就是使概念的意义臻于完备。一名医生看到病人的症状像是伤寒，伤寒这一概念内容是能够展开的，如果是伤寒，那么它就应该还有一些其他特征性的症状。医生判断该病情是伤寒时，会充分思索伤寒的种种表现，进一步明确相关的症状。通过进一步询问、观察和实验，仔细地研究病人的种种情况，推断伤寒这一假设是否正确。演绎结果构成对比观察结果的基础。进行理论上的推理，必须有一整套可用的原理，否则，对假设命题的验证（或求证）就会不完全且存在风险。

系统的知识

这些考虑指明了引导演绎性思维运动的方法。演绎要求一套相关联的概念，它们可以按照通常的或分级的步骤而互相转化。问题在于我们所面对的确凿症状可否被确定为伤寒。从表面看到的症状而言，该病情与伤寒病情之间还有很大的差距。通过运用某种替换方法，以及一系列中项，就可以弥合这一差距，得出肯定或否定的结论。伤寒可意味着 p，p 又意味着 o，o 又意味着 n，n 又意味着 m，m 则很类似于精选的解决问题的关键数据。

定义与分类

科学研究的主要目的之一在于为典型科目的每一分支科目提供一系列内涵和原则，这些内涵和原则在特定条件下彼此相连、互相包含。在此情况下，替代各种等价物便成为可能，无须查证特定观察结果便可得到推理痕迹，这些观察结果对于任何联想原则来说，都是遥不可及的结果。推理所依靠的手段是下定义、通用公式，以及分类。据此，一则内涵才得以被固化、细化成不同分支。它们本身并不是目的（在初级教育中，人们经常如此看待它们），而只是手段，是使理念呈现为合适的形式，并使其适用于一定事实的特性得到最好的检验。

演绎的最后检测

演绎的最后检测在于实验观察。精心推理可以使联想到的概念更加丰满、更加合情合理，但这一概念正确与否，尚不能下定论。只有当相关的事实可通过收集或者实验的办法得到观察证实，证明其在细节上均与演绎的结果相符而无例外时，我们才有理由将演绎结果视为正确的结论。总之，思维必须始于并终于具体观察，才可称为完全的思维。演绎过程的最终教育价值如何，就要看它们在多大程度上能够成为创立和发展新经验的有效工具。

五、这一讨论的某些教育意义

错误逻辑理论在教学中的一些表现

上面讨论了逻辑分析的重要性，一部分出于它们对于教育的意义，尤其当教育界目前采用了一些错误的逻辑教学方法，即错误地将逻辑分析思维分离成为独立于彼此的、但自身完备的个体。

孤立“事实”

1. 在某些学校科目中，或者在任何情况下，对于某些主题或者某些课程而言，学生们都沉浸于细节信息之中，他们的头脑中充斥着一些互不相连的条目（或是通过观察和记忆或是凭借道听途说和权威训示得来的内容）。在进行归纳的初始阶段和收尾阶段，人们进行的活动都是堆积事实，堆积特殊的、孤立的信息片段。但是，只有在这些条目呈现了范围较大的整体情况（该整体情况包含并解释了所含的细节信息），同时对此整体情况的考虑又被无意识地忽略时，才具有教育意义。在初等教育的实际课程以及高等教育的实验性教学中，学生往往是“只见树木不见森林”。教师所教授的事物及本质都非常琐碎，而未提及它们所代表的和说明的更加普遍的特征。在实验室里，学生只关注操作过程，而不理解如此操作的理由，没有认识到他们应用恰当方法所要解决的典型问题是什么。只有演绎才能表明和重视事物连续的关系；而只有对这些关系加以思考，学习过程才不再是只收集琐碎信息。

2. 思维过程允许人们在匆忙之间掌握一个模糊的概念，而不是意识到这些事实在这一整体过程之中的内在联系。学生们是“一般地”感觉到科目（例如历史和地理）所述各种事实的相互关系。这里“一般地”理解也是“模糊地”理解，并不包括其内在关系如何。 未能再做推理

学生被鼓励在一些特定事实的基础上形成一般性的概念，即这些事实相互联系而形成的理念。但他们并没有费心思督促学生进行深入探究，并思索这一概念对当前事例及类似事例有何意义。学生进行的归纳推理其实

就是一种猜测。若是猜对了，则教师立即予以肯定；若是猜错了，则教师就予以否定。如果放任这一思维方法，那么在很大程度上是教师实施了这一行为，教师由此承担放任该智力错误发展方向的责任。但是完整、综合的思维活动需要做出联想（猜测）的人同时负责对该联想与现有问题的关系进行推理，他要确保该联想至少足以指示其在应用和解释案例具体数据方面的方法。当背诵不在于简单检测学生展现某种技巧，重复教科书或讲义内容和原则的能力时，教师却走向了相反的极端，即听到学生的自发反应、猜测或想法以后，只是对其表示肯定或者否定，然后让学生自己对进一步的发挥负责。这样，虽然联想和阐释的功能得到了激发，却没有得到指导和训练。归纳得到了刺激，却没有进一步推进，以致达到完成推理的阶段。

在另一些科目中，演绎阶段被孤立了，似乎其自身就是完整的、完备的。这种错误的做法可能出现于思维过程的开始或结束阶段。

以演绎开始，使之孤立

3. 第一种错误的常见形式是一开始就提出定义、规律、一般性原则或分类等。这种做法已受到教育改良派的一致批评，因此已经没有必要再细说这种错误，只需指出，从逻辑上来说，出现这种错误，是因为在引进演绎考虑时没有首先指出什么样的事实要求运用演绎法。可惜改良派人士有时把批评意见说过了头，或者用错了地方，滔滔不绝、长篇大论，反对一切形式的定义、系统化规律和一般性原则，而不是仅限于指出当引用不当具体经历激发学生积极性时，它们将会变得一无用处、死气沉沉。

未将归纳用于新观察

4. 从另一方面来看，在一般推理过程的最后，如果没有使用新的具体事例来论证和检测推理的结果，那么这种做法也会使演绎陷于孤立。演绎法的最后要点在于要将其用于各个事例的消化和认识。没有人会完全地理解一般性原则（不管他能够多么充分地展示它，当然不是重复这条一般性原则），直至他能够利用该原则掌握新的情况，如果这些情况是全新的，那么应该与得出归纳的案例所展示的内容不同。然而，教科书和教师往往满足于提供一系列或多或少敷衍的例子，而没有要求学生将他想到的原则运用于个人经验中的其他事例。这样，这条原则就是没有生气和缺乏活力的。

缺乏实验准备

5. 现在我们换一个角度讨论同一话题：每一个完整的反思性思维行动都会为实验做好准备，即准备对推想到的和已认可的原则进行检测，用以积极构建新的事例，查看是否有新的品质出现。我们的学校只是缓慢地接受科学方法。从科学方面来看，现已证明，只有采用了某种形式的实验方法，才有可能进行有效的和完整的思维。在高等院校和中学中，这一道理已得到一定程度的认可。但在小学教育中，多数人仍然认为，对于孩子的智力成长来说，自然进行的观察就已经足够了。当然小学不必都为此建立实验室，更不必购置精密仪器，但是人类整个科学发展的历史进程证明，要具备完整思维活动的条件，就必须做好充分的安排来实施那些用来改善物质生活条件的活动，而书本、图画乃至消极观察却不加以操纵的物体都不会提供这样的机会。

第八章　判断：对事实的解释

一、判断的三个要素

良好的判断力

一个能够在特定事务上做出良好判断的人，无论其文化水平如何，都定然是受过教育和训练的。如果我们的学校培养出来的学生，在遇到的各类事务中都能够运用其思维能力做出良好的判断，那么这样的学生就比单纯拥有大量知识或在专业领域中具有高度技能的学生要好得多，培养他们的学校也显得更优秀。要明白何为“良好的判断”，我们首先要弄清楚何为判断。

判断与推理

判断和推理之间显然存在着密切的关系。推理的目的在于得出合理的判断。推理的过程也涉及一系列不完全的和尝试性的判断。那么如果将这些推理的步骤拆开来看，它们又到底是什么呢？回溯“判断”这个词最初的指示意义，我们可以轻松地了解其重要特点。“判断”一词最初出现于法律争议中，指的是对种种问题做出权威的决定，即法官的判断。它有三个特点：（1）争议，即针对同一客观情况存在截然不同的说法；（2）对这些说法加以界定和细化，并筛选出支持这些说法的事实；（3）做出最后的决定或者判决，结束存在争议的事件，并将该结果视为规则或者原则，用以判定未来类似的案件。

判断前提的不确定性

1. 除非对某事物存在疑虑，否则人们很快就会对一件事盖棺定论。人们会不假思索地接受，会对其进行直接地理解、感知、认知，而不会进行任何形式的判断。如果人们对事物完全持怀疑态度，或者它异常晦涩难懂，那么人们会觉得其神秘莫测，自然也不会产生什么判断。但如果一件事情可能存在不同的解读，不论这个可能多么微乎其微，它都会引发某些争论、某些利害攸关的问题。疑虑会造成争论与争议，立场不同的人会为了取得合乎自身利益的结论而争执。他们会对这些案件提请审判，让法官做出简洁明确的判断，平息不同观点之间的纷争。任何希望通过智力判断来理清疑惑的案例都呈现了类似的特征。当我们看到远处一个活动的、模糊不清的东西时，我们便要发问：“那是什么？是一片被风卷起的尘土吗？是一棵大树在摇曳枝干吗？是一个人在向我们招手示意吗？”在整个事件中，每一种解释都有其根据。也许只有其中一种是正确的，也许所有解释都不正确，但这个事件必然存在一种解释。上述诸多可能，到底哪一种是正确的呢？感知到的东西究竟是什么呢？它究竟应当怎样去理解、估计、评价和处置呢？每一个判断都是基于这样的一些情境而得出的。

判断界定问题

2. 对争议的听取、审查，即对截然不同的观点的衡量，会被分为两派。在特定的情况下，其中一派的观点可能会比另一派的观点更引人注目。将争议事件推上法庭后，双方均在筛选有效证据和挑选适用的规则，即这个案件中的“事实”和“法律”。判断的过程包括：（1）确定特定事件中具有重要意义的资料（可与归纳论证进行比较）；（2）对原始资料进行详尽的分析与解读（可与演绎论证进行比较）。而后者又与两个问题有关：①在做出某种解释时，事件中的哪些部分或方面具有重要意义？②用作解释的观点，其本身拥有怎样的意义与影响？这些问题紧密相连，各个问题的答案也是相互依存的。然而，为了方便，我们也可以将它们分开考虑。

（1）所有事实上已经发生的事件包括很多细节信

选取什么事实作为证据

息，但最重要的还是引发争议的那部分信息。一个事件的所有部分虽然同等存在，但作为标志和证据，它们的价值却存在差异。事物的各个特征并不存在“这很重要”或“这不重要”的标签。强度、生动程度或显著程度都不能作为指示和证明价值的绝对标尺。耀眼的事情也许在特殊的情境中完全没有意义，能帮助理解整个事件的关键信息可能是细微的或者隐蔽的。那些并无重要意义的特征总是让我们分心，让我们以为它们就是有助于理解的线索，而真正重要的特征却隐于水下。因此在参考我们所接触到的某种情况或事件的时候，我们也需要有所判断，一定要进行排除、淘汰、选择、发现和揭露。在得出最后结论之前，否定和选择必须是尝试性的和有条件的。我们会选择那些我们希望或相信能帮助我们做出解读的信息。但是，如果这些信息使人联想到的推断不能自洽，我们就得重新组织资料或事实；就思维而言，这里的事实指的是那些可以用作证据以达成某一结论或决定的事物特征。

选取证据的专业度

对事实的选择、淘汰和确定并不存在快速、严格的规则。如同我们所说，这完全取决于良好的判断能力。所谓良好的判断能力，就是在复杂的情形下，从各类特征中找出具有提示性价值的部分的能力；就是知道放弃无价值的信息，排除不相干的材料，保留有助于得出结论的材料，对那些能够解决困难的线索作出强调。这种能力在一般的事件中体现的是技巧、机智、聪明，在重要的事件中体现的则是洞察力和辨别力。这种能力，一部分是本能的或者先天的，但它也源自于长期处理类似事件所获得的经验。有了这种可以抓住可作为证据的重要信息，同时摒弃其他无用的信息的能力，便是专家、行家和法官的标志。

直观判断

穆勒为说明从情境中找出具有重要意义因素的能力可以达到何种完美和精确的境地，援引了下面的事例。“一位来自苏格兰的厂商，以高薪从英格兰聘请了一位染色工人。这位染色工人以配色技艺高超而闻名。厂商希望他能向其他工人传授这种技艺。这位工人来了，但是当他调和各种染料时是直接用手称量，而不是用秤。他配制颜料的秘诀就在这里面。厂商要求这位工人改变用手称量的方法，进而用秤进行称量，这样他们就可以弄明白他的秘诀了。然而，这位工人发现他自己没办法以秤代手，所以他无法向任何人传授这门技艺。在他个人的经验中，颜色的效果和他手拿颜料的感觉之间已经建立起了一种联系，他在任何特殊情况下均能凭借手的感觉推断出需要使用的方法和使用这种方法所产生的效果。”基于实际情况而进行的长期思考、包含浓烈兴趣的亲身实践以及对多样的类似经验的透彻吸收，激发着我们称作直觉的判断力。而且，这种判断是真实的，因为它们是基于理智的选择和评估而进行的、以解决问题为标准的判断。是否掌握了这种能力，是区分专家和“书呆子”的标准。

这便是从数据得出结论的判断能力的最完整形式。但是，无论如何，这种方式总与感觉相伴。你总是要试探性地选择某些特质，弄清这些特质会突出什么样的重点。你不能急于做出最后的选择，而应该在其他特征产生更能解决问题的联想时，完全放弃手头的要素或者降低其在论证计划中的重要性。机警、灵活和好奇心是基本的品质，而因守旧、狂躁和轻率而生出的独断、顽固、偏见、任性则是致命的。

要决定一件事情，必须选取适当的原则

（2）对资料的选择自然是为了控制引申含义的形成与发展，而引申含义将影响对资料本身的解读。因此，观念的形成与事实的确定是同时发生的。即在头脑中，一个可能的观点接着另一种可能的观点相继在头脑中产生，大脑又结合相关资料对其进行思考，得出更加详细的观点，然后大脑或决定舍弃它，或试着接受和运用它。我们不会完全天真、完全原始性地处理任何问题，而是用习得的思维习惯和先前积累的某些想法，或者至少是基于那些能让我们提炼出想法的经验来处理问题。如果一个人的惯性行为能直接派上用场，那么这个人便能很快掌握事情的内涵。如果该习惯被限制，并且无法轻易得到应用，那他只能得出针对该事实的可能含义。没有严格和固定的规则决定哪一个被联想到的意义是对的、合适的，这是由个人良好的（或不良的）判断作为指导的。与《爱丽丝漫游奇境》中写着“吃我吧”的魔饼不同，任何观念或原则都没有标签告诉人们：“我在这种情境中适用。”这要靠思维者去决定、去选择，而且，这种决定和选择常常伴有风险。所以，稳健的思维者会慎重地选择主题，即通过后来的事件确认其正确与否。如果一个人不能明智地判断什么样的解释对于某个疑难问题是合适的，那么即使他通过艰苦的学习积累了无数概念，也无济于事，因为知识并不等于智慧，知识也不能保证良好的判断。记忆如同一个冷藏室，里面储存着大量的知识内涵，以备将来使用。但是在紧急情况下，判断力能帮助人们选择和采用合适的知识。如果没有紧急情况（例如一些或重或轻的危机），也就不需要做出判断。任何概念，即使被细心地、牢固地建立于抽象意义之上，在解释事物时，起初也只不过是一个候选者。只有那些能够在黑暗困境中指明出路、打开错综复杂的绳结、缓解和融合各种矛盾的办法才是证明其在特定情况下是有效的，才能在与所有候选者的竞争中取胜。

在一项决策或声明中，判断终止

3. 一个判断形成之后，才可称之为决定；决定能关闭（或结束）争论的问题。决定不仅能解决某个特殊的案例，同时也为未来的类似事项做决策创造了一种规则或方法。如同法庭上的判决一样，它不但结束了眼前的争议，同时也为将来类似案件的判决提供了范例。如果定下的阐释也适用于后来发生的事件，那么一种可用于解释其他类似案例的假设便建立了，前提是其他案例的特征并无明显差异，因而并无不妥之处。这样，判断的原则就逐渐形成了，某种解释方法就获得了影响力和权威性。简言之，含义得到了标准化，它们变成了符合逻辑的概念。

二、观点的起源和性质

观点是在判断中使用的推测

接下来让我们谈一谈与判断有关的观点[1]。在令人费解的情境中，事物会让人联想到一些意义。如果这些意义被立即接受，我们就不会进行反思性思维，也不会产生真正的判断。思考被不加判断地掐断，教条式的观念以及与其相生相伴的危险也会随之而来。但是如果这些联想到的意义被暂时搁置，等待检验和质询，那么真正的判断就会出现。我们停下来思考，迟迟不做出结论，只是为了让推理更加深刻。只有在一定条件下接受某种意义，且只是为了检验其正确与否而暂时接受，那么此时意义才能变成观点。也就是说，观念是被试探性地接受的某个意义，我们会对其加以组建，用它来处理令人困惑的问题，斟酌其适合与否；观点即一种用来作为判断工具的意义。

解释工具

让我们举个例子。如果不远处有一个模糊的东西出现，我们就会心生疑问：那是什么？那模糊不清的东西

1 “观点”（idea）一词通常也被用来指：a. 一种纯粹的想象；b. 一种被接受的想法；c. 判断本身。但更符合逻辑的是，观点指在判断中的某项因素（factor），正如文中所解释的。——原注

有什么意义？是一个人在晃动他的手臂，还是一个朋友在向我们招手示意？这些都是有可能的。如果马上接受其中一个联想，就等于抑制了判断。但如果我们仅把联想当作一种假定、一种可能性，那么它就变成了一种观点，并且具有以下几个特点：（1）单纯作为一种联想，它是一种推测、一种猜想，或者更正式地说，是一种"假设"或"推理"。换句话说，这是一种可能的但又存在疑问的解释模式。（2）虽然存在疑问，但它还要发挥作用，即指导探索和调查。如果那个模糊不清的东西是一位朋友在招手示意，那么我们通过细心观察就能看出别的相关特点；如果是一个人赶着难驾驭的牲口，那也会存在一些不同的相关特点，我们可以找一找那些特点。如果只把观点当作是疑问，调查就会受阻；如果把观点当作是肯定的事，那也会阻碍调查研究。如果认为某种观点虽然令人生疑却存在可能性，那它就给探究提供了一个立足点、一个立场和一种方法。

假想　除非把观点看成反思性检验的工具，并用于解决遇到的问题，否则该观点就不是真正意义上的观点。假如现在我们希望学生掌握"地球是球体"这一观点，这与向学生传授地球是球体这一事实完全不同。我们可以给学生看（或者让学生去回想）一个皮球或一架地球仪，并且告诉学生，地球就像这些东西一样是球形的，然后让学生日复一日地重复这句话，直到学生在头脑中把地球的形状和皮球的形状融合到一起为止。但是，学生并不因此就取得了地球是球体的观点，最多也不过是获得了某种球形的意象，然后与脑中皮球的意象进行类比，最终得出地球是球形的意象而已。学生要想把地球是球体作为观点，首先必须有观察地球某些令人困惑不解的特点的意识，然后把地球是球体作为这种疑惑的一种可能的解释。只有把地球是球体用作解释数据的工具，学生才能完全理解其含义，从而真正接受这一观点。若非如此，学生眼前可能只有生动的形象但是不存在任何观点。生动的形象并不等于观点，而如果一种转瞬即逝、模糊不清的形象能够激发并引导学生进行观察并分析事实之间的关系，那么它或许会成为一观点。

想法给唯一的替换物以不定的方式

逻辑性的观点就像一把可以打开锁的钥匙。如果用玻璃将一条梭子鱼与梭子鱼日常的猎物——一条小鱼隔开，梭子鱼会用头部碰撞玻璃，直到筋疲力尽也无法得到它的食物。动物的学习（如果动物能够学习的话）都是通过试验性的方法进行的，它们通过漫无目的的尝试，直到偶然取得成功，然后保留那些成功的方法。只有自觉地以观念指导行动（即采用联想到的意义，以便用其进行试验），我们才能免于顽固倔强的愚蠢行为，也不用从那位名为“偶然”的可敬的教师那里取经。

它们是间接攻击的方式

值得注意的是，有许多形容智慧的字眼都暗含着某种要人们采取一些迂回隐秘的方法，甚至有不道德行为的观点。比如：“直率热情的人做事有时会直来直往（含有愚笨的意思）；聪明的人是灵巧的（狡猾的）、敏捷的（欺诈的）、足智多谋的（诡计多端的）、精巧的（阴险的）、能干的（诡诈的）、机灵的（狡猾的）、有远见的（有野心的）。”这类观点都带着不坦率的意思。一个观点就是一种用反思性思维去避免或克服障碍的方法，否则人们就只会粗鲁地应对这些障碍。但是，如果过于依赖某种观点，它就可能失去其理智性质。当儿童初次学习认识猫、狗、房子、弹珠、树、鞋或其他事物时，伴随着某种程度的含混不清，他们会获得一些直觉性、试验性的含义——这些便成了他们认知事物的工具。事物和含义就这样完全融合在一起了，严格意义上的观点和判断都不存在，只有无意识的认知。然而，对于那些能够为人们直接理解并且熟悉的事物，当它们出现在不同寻常的背景之下，也是需要人们对其进行认知判断的，例如，绘画时，我们需要判断物体的形状、距离、大小和位置。当它们并非以我们所熟知的玩具、工具和器皿的形式出现，而是出现在几何学的问题中时，我们就需要确定它们是三角形、正方形还是圆形。

三、分析和综合

判断整理思绪：分析

通过判断，混乱的资料得到整理，表面上支离破碎且互不联系的事实得以串联起来。这种整理便是分析，这种连贯或形成整体的过程便是归纳。有些事物可能会让我们产生奇怪的感觉；有些事可能给我们留下某种难以言说的印象。我们可能觉得这一物体是圆的（即呈现出一种我们后来才理解的“圆”的性质）、一种行为可能是粗鲁的（又或者说，我们后来才懂得将这一行为定义为“粗鲁”），然而这些性质可能是与当时的情境融为一体的。只有当我们需要借用当初这一情景之下的某种性质去理解在另一个情境中遇到困惑难懂的事物时，我们才能把将这种性质分离出来，才能明白其特别之处。只有当我们需要辨别某些新物体的形状，或某些新行动是否符合道德标准，我们才能将过往经验中的“圆形”或“粗鲁”的性质分离出来，将其识别为一种特质。如果我们从旧经验中选择出的性质能使新经验中模糊的成分得到澄清，能让捉摸不定的事物变得确定，那么它本身也获得了清晰的定义。在下一章中，我们还会遇到这个问题，而在这里，我们讨论的只是同分析和综合有关的内容。

抽象分析不同于物理分类

即使有人已经明确地阐述了抽象分析和物理分析是两种截然不同的分析行为，人们依然经常将抽象分析与物理分析进行类比，认为抽象分析也是将某个整体拆分成各个组成部分，只是场地从外界转移到了头脑中而已。由于没有人能讲清楚如何在头脑中把整体分割成部分，因此这类想法让人们误以为逻辑分析不过是将所有可以想象到的性质与关系都罗列出来而已。这种想法对教育产生了深远影响。[1] 学校课程中的每一个学科都经历过（或仍然停留在）所谓“解剖式的”或“形态学的”方法阶段：在此阶段中，人们认为学习一门学科，就是学会识别大量的性质、形式和关系等，然后为每一种特质冠

教育界对分析的错误理解

1 由此衍生出各类错误的分析方式，涵盖了地理、阅读、写作、绘画、植物学和数学领域，我们已经讨论过了。——原注

以某种名称。在正常的学习过程中，我们只有在利用某一概念成功解决了当前面临的困难时，才能对这一概念产生更清晰的理解，并将其独立识别出来。只有当我们需要使用它们来判断某个具体情况时，我们才会进行分析，才会明白某些因素或者关系的重要性。

早熟所形成的影响

而在我们的初等教育中，我们太过在乎过程中运用的方法了。如此一来，我们就把结果放在了过程的前面，如同把马车放在马的前面一样。在探索和反思性思维过程中所使用的方法，与我们完成探索之后所习得的方法，两者是截然不同的。在真正的推理活动中，大脑会进行搜寻、查找、预测和试探，而结论一经得到，探索便终止了。希腊人曾讨论过下列问题："我们要如何学习（或研究）？因为如果我们已经知道我们要追寻什么东西，那么我们便不用再去学习或研究；而如果我们不知道我们所要追寻的东西，那么我们就无从研究。"这种两难的推论至少向我们点明了一种可行办法，就是通过怀疑的探究、试探的联想和实验的方法来学习。当我们获得结论之后，我们要回想整个过程中所涉及的各个步骤，看看哪些步骤是有帮助的、哪些步骤是有害的，而哪些步骤又是无用的，这能帮助我们更为迅速有效地应对类似的问题。如此一来，我们就逐渐构建起一套相对明确的应对办法。（大家可以对比一下我们前面提到的关于心理学和逻辑学的讨论。）

先于其形成前采取的方式

然而，人们普遍认为，学生只能从一开始就有意识地识别出并明确地指出他想要的结果所隐含的逻辑上的方法，否则他的思维就必然会陷入混乱和无序之中，不会再有其他的方法；当他能有意识地使用某些步骤形式（如大纲、论题分析、标题和小标题以及统一的公式），他的思维才能得到保障与强化。然而，事实上，我们应该先培养一种无意识的逻辑态度和习惯。只有先通过无意识的、尝试性的方法取得某一成果之后，我们才有可能有意识地构建出一套能达到该成果的逻辑方法。当某个事例中所使用的方法取得成功之后，如果我们能够通过回溯该方法为将来类似的事例提供借鉴意义，那么这种方法才是有价值的。过早地强调已有的准则，反而会妨碍学生的发展，让他们无法以抽象和分析的手段来巩固和筛选经验中最符合逻辑的部分。反复使用会让一种方法获得确定性。一旦有了这种确定性，方法自然就变成了一种公式。然而，由于教师们觉得他们自己最了解的那些事物都是清晰明确的，于是学校中就充斥着认为孩子的学习应当以明确化的公式为开端的观念。

判断揭示了事实的承载及意义：综合

人们认为分析就是把整体拆开，综合就是将零碎的事物拼凑起来。然而，这样的解释反而令人无法理解何为归纳。事实上，每当我们掌握事实与结论的关系或者原则与事实的关系时，我们便已经进行了归纳。分析等同于强调，归纳则等同于放置。前者将被强调的事实或特性凸显出来，赋予了其重要性；后者则将我们选出的部分置于情境之中，或者置于与被强调之物的联系之中。所有的判断行为都是带有分析性质的，因为它涉及了洞察力、识别力，将琐碎的事物从重要事项中剥离，将无关的事项同关乎要旨的事项分开；它也是带有归纳性质的，因为它使思维兼容并蓄，能将我们选出的素材置于其中。

分析和综合是相互关联的

那些自我标榜为单纯分析或单纯归纳的教育方法（到目前为止，他们还在自吹自擂）其实是同正常的判断活动相悖的。因为如果是这样的话，问题就出现了，例如，地理教学应该是用分析法还是归纳法？用归纳法就是先从学生已经熟悉的事物开始，教授地球表面局部的、有限的地域，然后逐渐扩大到邻近的地区（县、国家、洲等），直到学生理解整个地球的概念，或者理解包括地球在内的太阳系的概念；分析法则是从自然界的整体开始，例如，从太阳系或地球开始，然后再缩小到它的各个构成部分，直到学生理解自己身边的环境。这里的基本概念是物质的整体与部分。然而事实是，我们不能假定孩子们已经熟悉的那部分有关地球的知识在他们心中是确定无疑的，我们不能想当然地认为以他们的智力，他们能直接开始这一部分的学习。事实上，孩子们现有的知识是不完全的、模糊笼统的。因此，智力上的进步离不开对分析的运用——即强化那些具有重要意义的特征，使它们突显出来。而且，学生自己所处的地区也不是完全孤立的、界限分明的。学生有关身边环境的经验，还包含了他所观察到的事物，如太阳、月亮、星星等；同时也包含了地平线随着他的移动而变化的经验。也就是说，他本人有限的、基于身边事物的经验其实也涉及了遥远的元素，让他的想象力飞到了街道和村庄之外的更遥远的地方。他早已与更远大的整体产生了联系。但是，他对这些关系的认知是不充分的、含糊的、不正确的。他需要利用自己对身边环境的特征的理解，来阐明和扩大他对更加广阔的地理环境的理解。在当他理解了更为广阔的世界时，他对身边环境中哪怕最普通的特征的理解也会更加清晰。分析导向归纳，归纳又让分析更为精准。如果学生能进一步理解浩瀚宇宙中地球的复杂状态，他们就能更确切地理解所处地区的各类细节都有何意义。把需要强调的特征挑选出来，以及对挑选出的部分加以阐释，这两种做法相辅相成，是正常的反思性行为。所以，试图把分析与归纳看作是彼此对立的观点是愚蠢的。

第九章　意义：概念和理解

一、意义在思维世界中的地位

意义是集中的

在讨论判断的时候，我们也详尽地说明了推理的过程，因而在讨论意义的时候，我们将只讨论所有反思性思维的核心功能，一则是它意指、预示、表示、象征、指出某些含义，一则是我们一开始就提到的思维的本质特征。任何探索的目的都是要找出事实所具有的原始意义；所有检验活动的目的，都是要弄清楚事实所传达、证实和支撑的特定意义。当我们通过推理活动得到了一个令人满意的结论，我们就达到了寻求意义的目的。判断行为涉及意义的形成与应用。简言之，这一章节里我们并没有引入新的论题，我们只是对前面多次涉及的假设进行更进一步的讨论。在第一部分，我们将假设意义和理解是同等的，同时还将讨论理解的两个类型，即直接理解和间接理解。

要理解就要抓住大意

1. 意义与理解。如果一个人突然走进你的房间，并喊着“paper”，那么这种情况包含了多种可能性。如果你不理解这个英语单词的含义，那么这声音无异于噪声，它可能对你产生某种外部刺激，也可能不产生任何影响。但这个噪声本身并不是可供思维的对象，它并不具备思维价值。因而，你可以说你不理解这个单词的含义，也可以说这个单词没有任何含义。如果这是投递员每日清早投递报纸时的叫喊，那么这个声音就有了意义，有了可供思维的内容，你也会相应地理解它的含义了。或者你正在焦急地等待着一份重要的文件，你会假设这声叫喊是在通知你，你要的文件到了。如果你懂英语（第三种情况），但根据你的习惯和预期，没有任何语境让你能联想到这个词的意思，那么在这种情况下，你能理解该词的意义，但不知道发生了什么。然后，你开始感到疑惑并展开思考，为这个表面上毫无意义的事件寻找一个合理的解释。如果你发现某件事物可以解释这个现象，那么它就有了意义，你也会明白它的意思。作为会思考的人类，我们总是假想意义的存在，并认为如果意义不存在，那么事情就反常了。因此，如果最终你发现，这只是有人想告诉你，人行道上有一片碎纸或者宇宙的某个角落有一片碎纸，你肯定会认为他疯了，或自己被愚弄了。这样看来，掌握意义，进行理解，并识别某个场合里重要的事物，这三者其实是对等的；它们展现了我们思维世界的敏感事项。缺少它们就可能出现下面三种情况：（1）缺少思维内容；（2）出现思维混乱或困惑；（3）出现思维反常，即胡言乱语、精神错乱。

知识和意义

因此，所有的知识、所有的科学都在试图掌握研究对象和事件的意义。通常来说，这个过程包括将事物从原始孤立的情境中分离出来，并根据它们联想到一个更大的整体，然后利用该整体反过来说明、解释、诠释该事物，即赋予它们意义。如果你发现了一块带有奇怪记号的石头，那么这些痕迹有什么意义呢？对于这一物体引发的这个问题，我们并不明白它的意义；根据物体的颜色和形状，我们知道它是一块石头，明白它是一个什么样的物体。理解与不理解纵横交织，由此引发我们的思考。如果经过调查之后，人们发现这个奇怪标记是冰川作用留下的痕迹，我们就能通过已有的知识来理解石头上这些奇怪的让人迷惑的特征：体积庞大的冰块不断运动，使石头之间产生摩擦力，从而导致奇怪痕迹的产生。将在一种情形下理解到的知识转移并应用到另一个让人迷惑的情形之中，进而使后者变得简单、熟悉，即得到了理解。这个例证表明，我们有效思考的能力取决于我们掌握了多少可以即取即用的意义。（可与前面对演绎的讨论进行对比）。

直接和迂回的理解

2. 直接理解和间接理解。上面的例证提及了两个掌握意义的方法。当一个人懂英语，他马上就能理解 paper 的含义，但整件事对他来说可能并没有任何意义。同样，当一个人用肉眼便识别出眼前的物体是石头——这不是什么秘密，不神奇，反而一目了然——但是他不知道石头上面的痕迹是什么。它们肯定是有意义的，那么到底有什么意义呢？在一种情况下，由于人们熟悉接触到的事物，因此事物及其意义在某种程度上是一体的。但在另一种情况下，事物及其意义是分离的，至少暂时是。为了理解该事物，人们就要去探寻它的意义。在第一种情况下，理解是直接的、迅速的；而在另一种情况下，理解是间接的、迟缓的。

两种类型的相互作用

大部分语言都有两套词汇来表示这两种类型的理解：一种是直接理解，另一种是间接理解。因此，希腊语中有 γνῶναι 和 εἰδέναι；拉丁语中有 noscere 和 scire；

德语中有 kennen 和 wissen；法语中有 connaître 和 savoir；英语中有 acquainted with 和 know of or about。我们的思维世界就是由这两种理解的相互作用而形成的。所有的判断、所有的反思性推理，都是以理解的缺乏和意义的部分缺失为前提的。我们进行反思性思考，是为了掌握事件的全部的、足够的意义。然而，有些事情一定是已经被理解了的，我们的大脑肯定已经储存了一些已经掌握的意义，否则我们就无法思考了。思考是为了掌握意义，而每次知识的扩展都会使我们认识到新的盲点和难点。如果储备的知识相对较少，我们会觉得万事都很正常、很自然。如果一位科学家去到一块陌生的土地上，他会发现有很多事情无法理解，而土著人或乡下人却只能理解直观的含义，无法理解隐藏的意义。某些印第安人进入大城市，看到桥梁、有轨电车和电话，会表现得无动于衷，但当他们看到工人爬上电线杆修理电线时却会感到惊奇。意义的积累增加，使我们对新的问题更为敏感，而只有当那些新的疑难问题被转化为我们所熟悉和明白的意义，我们才能理解或解决这些问题。这便是知识的螺旋式积累。

知识的真正进步，部分源自于从先前认为清楚、明白和理所当然的事物中发现不理解的事物，部分源自于使用那些我们直接理解到的、不存在任何疑惑的意义去理解那些尚不清楚的和令人困惑的意义。任何熟悉的、明显的、普通的事物，只要处在新的情境中，就会出现新的问题。为了理解这些问题，人们就会进行思考。任何事物或原则，不论多么奇怪、独特或遥远，我们都能通过思考熟悉其意义，直到不用思考也能将其理解的完全掌握。我们可以懂得、领会、认识、理解、掌握和明了种种原则、规律和抽象真理，也就是说，不需要任何思考过程就能立即理解其意义。如前所述，智力的进步就在于直接理解和间接理解之间有规律的循环运动。

有节奏的智力发展

二、获得意义的过程

与直接理解相关的第一个问题是，如何将那些能直接理解的意义储存成库。我们如何识别某件事物为某一情境中的重要部分，或者理所当然地认为其具有某种特定的含义？要回答这个问题，主要难点在于我们对一些熟悉的事物已经了解得过于透彻。我们的思维能够轻易地穿越未探索过的领域，可是要否定已经深刻探索过的、

熟悉度

已经植根于人们无意识习惯中的事物，却是难上加难。看到椅子、桌子、书籍、树木、马匹、云朵、星星和雨水，我们能迅速、直接地理解其为何物，却很难想象，它们曾经也是一种需要人们进行学习的意义。如今，它们的意义已经和它们本身融为一体。

混乱先于熟悉

人们经常引用詹姆斯的一段话。他说："婴儿同时受到眼睛、耳朵、鼻子、皮肤和内脏的刺激，他所感受到的只是一片永不停歇的、嗡嗡乱响的混沌。"[1] 詹姆斯将儿童的世界视为一个整体。然而如果一个成年人遇到新的事物，只要这个事物足够新奇，那么詹姆斯的说法也同样适用于成年人。像"身处奇怪阁楼里的猫"一样，人在处于陌生环境中时，任何事物对他来说都是模糊的、困惑的，因为他们缺乏将种种事物区分开来的标签。我们若不懂外语，那外语在我们听来总是含混不清的，我们也很难明确一个声音组合的意义。乡下人走在拥挤的城市街道上，不谙航海的人航行在海上，新手在复杂的运动项目中和老手比赛等，这些都是例证。对于初进工厂的新手而言，一切似乎都是没有意义的混合体。对于

1 引自威廉·詹姆斯《心理学原理》(*The Principles of Psychology*) 第 1 卷，第 488 页。——原注

旅居异乡的人而言，所有的异族人长得都一样。门外汉只能用肉眼分辨羊的体型大小和毛发颜色，而牧羊人却能清楚地描述每只羊的特征。如果我们感到茫茫然一片模糊，无法分辨其中的变化，那就意味着我们尚未理解某物。要通过事物获得意义，或者换句话说，要形成轻轻松松就能直接理解事物的习惯，我们就要为模糊不清和摇摆不定的事物注入：（1）明确或具有区分性的意义；（2）连贯或稳定的意义。

实际的反应使混乱明晰

意义的明确性和一致性主要来自于实践。通过滚动一个物体，儿童便理解了什么是球形；通过拍打这个物体，儿童知道了它具有弹性；通过抛掷这个物体，儿童便理解了重量这一显著的特征。让某种印象变得特殊，使其拥有区别于其他特质的、能引发不同反应的特点的，正是我们的反应和反应性调节行为，而不是感官。例如，儿童通常对颜色差异的理解相当迟钝。但对成年人来说，颜色的不同是十分显著的，我们不可能察觉不到，也不用费很大力气去认知和回忆颜色。毫无疑问，这些颜色看起来是不一样的，但我们的大脑并不清楚这些颜色为何不同。物体的红色、绿色或蓝色并不能让我们产生将颜色性质突出地区分出来的独特反应。然而，一些特别的习惯性反应会逐渐同某些事物联系起来：白色变成了牛奶和糖的标志，儿童的反应是喜欢吃；蓝色变成了一件衣服的标志，儿童的反应是喜欢穿，如此等等。独特的反应活动能把深藏于其他事物中的颜色特质筛选出来。

通过用途或功能进行识别

再举个例子。对于我们来说，辨认耙子、锄头、犁、锹、铲等几乎没有什么困难，因为每一件工具都有自己特殊的用途和功能。但是，我们却难以区分各类边缘带锯齿的，抑或形状呈卵形或倒卵球形的叶片；区分在各种酸类物质中“酸性”和“亚酸性”的类别。差别是存在的，但是差别是什么？或者我们知道差别是什么，但是要怎么分清楚呢？事物的形状、大小、颜色以及各部分的组合方式都无关紧要，重要的是它们及其构成部分的用法、用途和功能。后者才与事物的特点和意义更加相关，而且其相关度比我们认为的还要深。物体的形状、大小、颜色等特质是如此的鲜明，以至于对我们产生误导，让我们无法认识到问题恰恰在于如何解释它们这些特征的确定性和显著性从何而来。如果我们只是被动地坐在事物面前，那些事物就不会从模糊的整体中突显出来。声音的高低和强弱能给人们带来不同的感觉，但是，除非我们对它们采取不同的态度，或者对其采取某些特殊的行动，否则我们的思维就无法掌握并记住那些模糊不清的特质。

儿童画作阐释了价值的支配

儿童的绘画为同样的原则提供了进一步的例证。对于儿童来说，透视画法是不存在的，因为儿童的兴趣不在于以绘画再现事物，而在于所呈现的事物本身。尽管透视法对于前者来说至关重要，但它与事物本身的作用及价值毫无关系。绘画中，房屋的墙经常被表现为透明的形式，因为房间、椅子、床和里面的人才是构成房屋意义的重要事物；烟囱总是往外冒烟；圣诞节时，画面上的长袜可以画得几乎和房屋一样大，甚至可以画得比房屋还要大而只能放在房子外面。在每个例子中，事物某些的性质大小都取决于其使用价值的大小，而这些图画以图像的形式提醒人们事物的价值，而不是对其外在性质和感官性质进行客观记录。大多数学习绘画艺术的人所面临的主要困难，就是物体的习惯性用途以及使用的效果已经非常深入地融入了该物体的特点之中，几乎不可能随心所欲地将它们的干扰排除在外。

声音被用作语言符号

如何从单纯的感官刺激中获得确定的、持久的意义，并用获得的意义反过来定义和组合那些感官刺激，对其进行识别？通过声音获得意义，并将该意义变成文字或许就是一个最好的例证。语言是一个非常好的例子，因为语言中有成百上千个词汇的意义已经和物体的特性彻底地联结在了一起，人们能够直接地理解它们的意义。从文字的角度来看，我们很轻松地就能意识到意义与物体的联结是通过长期的辛苦努力才得以形成的。但从物体的角度来看，不论是椅子、桌子、纽扣、树木、石头、山丘还是花朵等，抽象的性质和意义与物质事实之间的联系似乎是与生俱来的，是我们被动获得的，而不是通过主动探索得来的。但就文字的意义而言，不难发现，我们是通过发出声音并记录随后的结果，通过听别人发出的声音并观察与之相伴的行动，才最终将某个声音变成承载某种意义的介质。

摘要　对意义熟悉之后，我们就能明白某个事物会引发怎样的确切反应，因此便能不假思索地预见可能的结果。这类明确的预期能帮助我们确定意义，将其从含混不清的状态中抽离出来。其惯性的、重复的特质能赋予意义确定性、稳定性和一致性，或者说使其脱离摇摆不定的状态。

三、概念和意义

“意义”是一个耳熟能详的词汇。“概念”和“观念”这两个词汇也同样是人们广泛使用的专业术语。严格地说，它们并没有涉及新的内容。当我们将某个意义单独拎出来思考，使其能被直接理解和使用，这个意义就可以被词汇所指代，我们便可以称之为一个概念或者观念。从语言学角度上讲，每一个普通名词都承载了一个意义。而任何专有名词和普通名词，如果其前面被冠以“这个”或者“那个”这样的限定词，那么这些名词都是在指代承载该意义的物体。在思考的过程中，我们会使用并扩展一些观念和概念。也就是说，在推理和判断中，我们会使用意义，而这一过程也会反过来纠正并扩展意义的内容。

一项定义即一个确定的意义

不同的人在讨论暂时不在眼前的事物时，却都明白所讨论的是同一观念的承载物质。同一个人在不同的时间也会提到同一事物或者同种事物。人们的感官经历、物理条件、心理条件各有不同，相同的意义却保留了下来。在称重测量的时候，如果作为度量衡的磅和英尺是可以随意变化的，那我们就无法得到准确的重量和长度。

这就是标准化

同样的，如果一些外在变化或者人为变化使意义不能保持稳定和恒定，我们的思维也会陷入混乱。

借助于概念，我们定义未知事物

对可被感知的现实进行补充

使事情系统化

提到概念的重要性之后，我们可以做如下综合。概念或标准意义是：（1）鉴别的工具；（2）补充的工具；（3）把一种事物纳入一种体系的工具。假如我们在天空中发现了一个从未见过的光点，它对于感官而言仍然只是一个光点，它所引发的一切反应也只不过是对视觉神经的刺激，除非我们拥有大量的意义并可将其作为探索和推理的工具。但是基于从过往经验中获得的意义，我们就能通过适合的概念对这个光点进行解释。那是不是一颗小行星、彗星或者新形成的恒星？还是天体碰撞或解体之后形成的星云？所有这些概念都有其特定的和独特的性质。经过仔细的、持续的探究，我们最终确定那是一颗彗星。通过一个标准的意义，我们确认了光点是什么，赋予了其稳定的特征，随后还能对其进行补充说明。我们会将所有已知的彗星特性赋予这个光点，即使我们并未从其身上真实地观察到这些特性。过去天文学家们了解到的所有关于彗星轨迹和结构的知识，都可被用来解释这个光点。最后，彗星本身的意义也不是孤立的，它是整个天文知识系统的一部分。所有关于恒星、行星、卫星、星云、彗星、流星、星尘的概念，在一定程度上都可以相互参照。当这一光点被确定为彗星时，它就成为这个庞大的知识王国里的正式成员。

知识体系的重要性

达尔文在自传中说，他年轻的时候曾对地质学家西奇威克说，自己在一个砂石坑里找到了一个热带贝壳。西奇威克说，它肯定是被什么人扔在那儿的，又说："但是，如果它真的原本就埋在那儿，这对地质学就是最大的不幸了，因为它将推翻一切我们对英格兰中部县的地表沉积物（自冰河时代起）的认知。"然后达尔文说："西奇威克在得知如此美妙的热带贝壳出现在英格兰中部地表时竟然毫不兴奋，这让我感到很惊讶。这件事让我清楚地意识到，科学就是收集事实，然后从中得出一般性规律或结论。"这一事例（当然，其他学科中也存在这样的例子）表明，通过科学概念，我们能清楚地看到所有概念在使用过程中所涉及的系统化倾向。

四、哪些事物不是概念

概念是一种意义，它能为我们提供一套标准规则，帮助我们识别特定的事物、找到其所属的框架。这一说法可能与现今对其性质的某些误解不同。

定义不是赤裸的残留物

1. 概念不是通过去除不同事物间的差异性，仅仅保留其一致性而得来的。有时人们认为，概念形成的过程，同孩子们刚开始认知各式各样的事物的过程相似。以狗为例。一个孩子自己养了一条叫菲多的狗，他的邻居养了一条叫蒙特卡洛的狗，他的表妹养了一条叫托雷的狗。面对这些不同的狗，他分析到许多不同的特点，比如（1）颜色，（2）大小，（3）外形，（4）腿的数量，（5）毛发的数量和质量，（6）消化器官等。然后他会去除所有不相似的特点（如颜色、大小、形状、毛发），保留相同特性，如四足动物、家养动物，这些都是这些狗共有的特征。

而是一种积极的态度

然而事实上，从孩子看到、听到和触摸到任何一条狗开始，他便已经意识到了一些意义。他发现，他可以利用过去的一些经验对后来的事物提前做出推测，提前判断它会有怎样的行为模式特征。只要出现线索和提示，只要被判断的对象给了他一点点依据，他就会做出相应的预判。因此，他可能把猫叫作小狗，或把马叫作大狗。然而，随后他会发现，这些动物并不符合他所预测的关于“狗”的其他特征及行为模式，于是他就得丢弃某些有关“狗”的意义特征，转而选择并强调其他一些特征。随着他进一步将“狗”的意义运用到其他狗的身上时，“狗”的意义也会进一步得到确定和提炼。他不是从不同的物体中得出共同点，而是将以往经验中任何能够帮助他进行理解的特征都运用到了新的经历上。这个不断假设和实验的过程，会由结果去验证或否定，而他对事物的概念也就变得更加巩固、明确。

由于其用途，它具有通用性

2. 同样，概念变得通用是因为它们得到了使用和应用，而不是因为它们的组成部分。这种认为概念起源于不切实际的分析的观点，和与其相反的观点一样，都包含了这样一种想法：概念是由去除大量个性化特征，只保留相似的元素而得来的。事实并非如此。当人们获得了一个意义，该意义就成了人们获得进一步的认识以及理解其他事物的工具。如此一来，该意义的内涵得到扩大，得以涵盖其他的事物。意义的一般性在于将其应用到理解新事物上，而非其构成部分。如果我们只是将大量事物的特性收集起来，那么这些特性不过是事物的残渣，是简单的集合或库存，而非一般性概念；如果我们将任何一段经历中得出的显著特征，用来理解其他一些经历，这一特征便会具有一般性。分析并不是将事物机械地进行简单相加，而是将某个案例中发现的特征应用于其他案例中，使其与前述案例保持一致。

五、意义的定义及构成

确定性对抗模糊性

一个不具备认知能力的人是不会产生错误认知的。但是通过推理和阐释，通过判断事物之间的关系来获取知识的人，就很容易产生错误理解、错误认知或错误的行为。误解和错误的主要原因在于意义的不确定性。意义模糊就会使我们对他人、事物甚至我们自己产生误解。也因为意义模糊不定，我们歪曲事实、行为反复无常。对意义的刻意歪曲可能会因为太无厘头而引人一笑。错误的意义，如果其本身轮廓清晰，则会被人们发现并丢弃。但是模糊的意义无法被分析，也不能给其他观点提供支持，我们无法对其进行检验和界定。模糊的概念将不同的事情混杂在一起，造成意义的混乱，并掩盖自身毫无意义的事实。这是逻辑的最原始错误。我们无法完全避免这种错误，只能缩小错误范围和降低错误程度。

抽象的意义是内涵

要获得确定性，一个意义必须自始至终都是独立且完善的。这种独立的意义便被称作内涵。获得这一意义的过程叫作定义。人、河、种子、诚实、首都、最高法院等词语的内涵，都包含了其独特的意义，而些意义就蕴含在这些词汇的定义中。检验一个意义的确切与否，就要看它能否明确地将一组具备该意义的事物与其他事物区分开来。比如“河”这一意义（或者特质）就能代表劳恩河、莱茵河、密西西比河、哈德逊河、沃巴什河等，尽管它们所处的地点、自身的长度、水质都不同；但你不能用“河”来表示洋流、池塘或小溪。通过意义来区分事物，并将众多独特存在的事物归于一组，就构成了意义的外延。

在其用途中它是延伸

定义产生内涵，而对事物进行分类则产生意义的外延。内涵与外延、定义与分类，它们之间是相互联系的。借用前文所言，内涵是指一种作为原则去识别特定事物的意义，而外延是指已被识别和区分好的一组特定事物。意义同外延一样，如果不能用来指示某个物体或者某一组物体，它就是虚无缥缈的；如果物体不能根据它们通常所表达的典型意义，而被归入某些组别或者类别，那么这些物体在我们的脑海中就是孤立的、独立的，就如同它们在现实空间里的状态一样。定义和分类使我们获得了特定的、明确的意义，告诉我们这些意义所指代的

定义与分类

物体类别。它们代表着意义的巩固和构成。当一组经验的意义被清晰地整理出来，并可以作为原则将这组经验组合在一起，那么这一组特定事物便成了一门科学。也就是说，定义和分类是科学的标志，区别于互不相连、杂乱无章的大量信息，也区别于无意识地将经验进行串联的习惯性做法。

定义有三种，即指示性定义、说明性定义和科学性定义。第一种和第三种定义在逻辑学上非常重要，而第二种定义在社会学与教育上占有重要地位，并起到连接第一种和第三种定义的中介作用。

我们通过挑选来定义

1. 指示性定义。一个盲人是无法弄清彩色与红色的准确含义的。而没有视障的人也只能通过自身感官来注意到这些性质才能掌握色彩知识。这种通过使用某种感官界定意义的方法就叫作指示或者标示。对于所有的感官特质，如声音、味道、色彩等都要用到这种方法；情感和道德及品质方面的特质也是如此。诚实、同情、憎恨、惧怕等，人必须亲身体验过这些情感才能对其有所理解。所以教育改革家反对纯语言、纯书本授课，要求注重学生的亲身体验。不管一个人的学识多么丰富、所接受的科学训练多么高级，要理解一个新事物或者旧事物的新知识面，他都必须对所需了解的物体或者特质进行直接的体验。

2. 说明性定义。当有一定数量的意义获得了直接的或者指示性的划分，我们就能通过语言在大脑中进行组合与变化。如此一来，哪怕没有见过某种颜色，如果将其形容为介于绿色与蓝色之间的颜色，我们也可以对其加以界定。如要给老虎定义的话（即使其概念变得更明确），我们可以利用一些已知猫科动物的特征，并结合其他物体的大小及重量特征来进行说明。例证是具有说明性质的，字典里的定义也是具有说明性的。选取我们更为熟知的意义并将它们组合起来，我们就能得到一组适用的意义。但这些定义都是二手的、老旧的，人们可能不会努力获取第一手资料来说明、证实那些意义，而是选择将已有的观点奉为权威。

也通过结合已经更确定的

3. 科学性定义。使用范围广的定义会被用作识别和界定特定个体的原则，但是这种识别和界定主要是出于实际目的和社会目的，而并非智力目的。将鲸看作鱼类并不妨碍一个渔民成功地捕到鲸，也不会妨碍他正确地识别鲸。但是，将鲸看作哺乳类动物也同样不会妨碍捕鱼这一目的，还会为科学地认识这一物种以及将其正确

还通过产生方式的发掘

进行划分提供更有价值的原则。广泛的定义是通过选取明显的特征来进行分类，而科学的定义则是选取原因、结果、产生条件这些特征来进行分类。广泛定义的使用并不能帮助我们理解为何某个物体具有某种意义和特质，只能简单地陈述该事物拥有这些意义和特质的事实。而以因果关系为基础的定义将物体构建的方式视为其之所以为某物的关键，也因此可以解释为何该事物具有某种特质。

对比因果性与描述性定义

如果一个具有相当实践经验但又并非专业的人被问到如何理解金属，他所提到的金属特性可能：（1）适用于识别任何一种金属；（2）与金属锻造有关。他可能会使用光滑、坚硬、有光泽、密度大等特性的词，因为这些特性能帮我们识别看到的和触摸到的物体。他可能还会提到锻造的特性——哪怕他可能并不会用到“可锻造的”和“可熔的”这样的词汇——包括其延展性好、加热熔化、遇冷变硬、可以保持某种形状，还具有抗压、抗腐蚀的特性。科学概念并不会使用这些特征来确定意义。目前对金属的科学定义是这样的：金属是指与氧气结合形成碱、与酸结合形成盐的化学元素。这个科学的定义不以直接观察的或有用的特性为依据，而是以物质间的关联方式为基础，也就是说，它指示出了一种关系。化学概念表明了物质之间相互作用形成新物质的关系；物理概念表明了物质相互作用的关系；数学概念表明了相关性的功能及分组排列的顺序；生物概念表明了物种的变异与环境的关系。这些都是科学的范畴。简而言之，当某个概念能展示事物如何相互依存、相互影响，而不是仅仅说明它们具有怎样的静态特质，这样的概念就拥有最强大的特性和共性（或者说可应用性）。在最理想的科学概念体系里，我们能持续地、灵活地、自由地将一个概念从某个事实或者意义转化到另一个事实或者意义。要实现这一点，我们就必须找到在不断变化的过程中将事物联系在一起的那个动态的关联——这一原则能帮助我们理解发展或进步的模式。

科学是最完美的知识类型，因为它使用了因果定义

第十章　具象思维和抽象思维

有关具体和抽象的错误观念

教师们经常引用一句格言："从具体事物出发，引出抽象事物。"尽管我们熟知这句话，却未必能理解它的含义。很少有人在读到或听到这句话后能对具体这一出发点有一个清晰的概念，理解抽象这一目标的性质，并且知道通过怎样的方法达成从具体到抽象的目标。有时候，人们对这句格言的理解是错误的，即认为教育就是从物体上升到思想，就好像任何不假思索处理事情的过程都可能具有教育意义一样。在这样的理解下，这句格言就是在提倡：在处于低端教育阶段时通过机械的动作和感官的刺激来学习，在处于高端教育阶段时采用学术化的、非应用式的方法学习。

然而事实是，我们——甚至是孩子——在处理任何事情时，都充满着推理过程；事物被其暗示的含义所包围，这一点非常重要，正如问题会导向阐释、证据会导向信念那样。如果我们只是指导事物却不触发思考，指导感官却不鼓励判断，那么这是非常不正常的。如果我们最终取得的抽象思想游离于事物之外，那么所达成的目标也只是形式上的、空洞的，因为有效的思维总是或多或少与事例相关。

再谈直接和间接理解

不过，这一格言在补充理解之后便有了另一个意义：它展现了逻辑能力发展的脉络。这有何重要意义？具体的事物所表明的意义是明显区别于其他意义的，所以其本身能被人们直接理解。当听到桌子、椅子、炉子、大衣这些词，我们不必思考就知道它们的意思。这些词能直接传达其本身含义，所以无须费力解释。然而，对于某些词和事物而言，我们需要先思考其他更熟悉的事物，找到它们与我们不懂的事物之间的联系，然后才能知晓其真正意义。大致说来，前一种意义是具体的，而后一种意义是抽象的。

熟悉智力上的具体形式

对于一个非常熟悉物理、化学的人来说，原子和分子就相当具体，运用它们时根本无须思考其含义。但是对于一个外行或科学新手来说，他们不得不先回忆一下较为熟悉的内容，然后才能开启缓慢的理解过程。如果后来他忘了如何将熟悉的事物的意义移接到陌生事物上的话，他好不容易理解到的原子和分子的含义还是会丢失。其他专业性术语上也存在这一现象，例如代数中的系数和指数、几何中的三角和直角以及政治经济学中的资本和价格等，这些词的意义都与其日常意义不同。

实际的事情是熟悉的

以上所说的差异纯粹只和个人智力发展有关。在一个阶段里抽象的事物在另一个阶段可能就变成具体的了；或者相反，人们也可能发现本来完全熟悉的事物反而会包括陌生的元素及未解决的问题。尽管如此，还是有一道分割线能从整体上将人们熟悉的事物同陌生的事物区分开，进而更加恒久地划分出具体事物和抽象事物。这些界限主要是由实际生活的需要决定的。诸如木棍和石头、肉和马铃薯、房屋和树木等事物都是生活中不可或缺的恒常元素，为了生存，我们需要考虑这些因素，尽快学习它们的重要意义，并将其意义与本身融合在一起。当我们经常接触某物，我们便会熟悉它，并且忽略掉它那些我们不熟悉的、未曾预料到的方面。在社会交往过程中，税收、选举、工资、法律等术语在成年人眼中变得具体。对于那些我们不能立刻弄明白的东西，像厨具、木工工具、编织工具，也被我们毫不犹豫地归于具体事物，因为它们与我们的日常社会生活息息相关。

与之相对，抽象的事物是理论上的事物，它们不与实际生活紧密相连。抽象的思想者（即我们有时所说的纯科学工作者）会有意地从生活中抽象出某些理论，也就是说，他根本不考虑实际用途。然而这种考虑是消极的。脱离了使用和应用，那还剩下什么呢？很显然，那就只是在为了思考而思考了。很多科学观点都是抽象的，一方面是因为没有经过长期训练的人无法理解该观点（这与艺术技巧的获取是一样的），另一方面是因为其意义只是在于获取更多知识、促进探索和预测。当思维被用作达到某种目的、得到某种好处或者实现某种价值的手段时，它才是具体的；当它仅用作推动进一步思考的手段时，它就是抽象的。对于一个理论家来说，一个主意，只要能推动思考产生结论，那它就是充足的、完整的；而对于医生、工程师、艺术家、商人、政治家而言，只有给生活带来好处，带来健康、财富、美貌、善良、成功，或者任何你想要的东西时，那个主意才是完整的。

理论或严格意义上的智力是抽象的

对理论的轻蔑

一般情况下，对大多数人来说，生活中真正紧急的事件几乎都是自己无法掌控的。人们的主要任务就是做好自己的事。只要是能提供思考空间的就是重要的，这种观念对他们而言是苍白的、遥远的，甚至是虚伪的。所以注重实际的成功实干家对“纯粹的理论家”心怀蔑视，即虽然他认为有些事情在理论上是非常完美的，但是实际上却并不适用。总体来说，实干家在使用抽象、理论、智力这些词语时，总有一种蔑视的口气，因为他们认为这些与“智慧”是有区别的。

但理论却高度实际

当然，这种态度在特定的情况下是合理的。但是从常识或实际中可知，对理论的贬低并非一定就是正确的。即使是从常识的角度来说，有时人们也可能因为“太过现实”、太过着眼于眼前的现实情况而变得鼠目寸光，砍断自己正坐着的树枝。我们应该要找到界限、找准尺度、进行调整，而不是将具体与抽象完全分割开来。真正实际的人会让自己自由地思考，不会为了获得最大的益处而钻牛角尖；过分关注事物的实际应用只会封闭自己的视野，并在将来毁掉自己。用绳索将我们的思想束缚到实际用途这根柱子上并不能带来好处。行动的力量在于远见和想象力。人们至少要对单纯的思考保有兴趣，以便摆脱陈规陋习的束缚。对知识本身的兴趣、对纯粹自由思维的兴趣，是解放实际生活并使之不断丰富、进步的必备条件。

现在，再让我们回到“从具体到抽象”这句格言上去。

1. 因为具象指的是将思考应用于有效解决实际出

从具体意义、实际操作出发

现的问题上去，所以“从具体事物出发”意味着我们需要从一开始就行动。尤其对于非日常的、非机械性的活动更需如此，因为这类活动通常要求我们对使用的方法和材料进行智慧的选择和调整。如果我们仅仅是积累感官感受或者物质事物时，我们并没有“听从自然的号令”。对数字的教学，不是使用了木板、豆子或圆点等辅助物就能变得具象起来。只要学生清楚地明白了数字关系的用法和特性，那么即使只使用数字本身，数字的概念对他们而言也是具象的。什么时候使用什么样的象征物——不论是木块、线条还是数字——才是最好的，这完全取决于具体情况。如果在教授数字、地理或其他科目时，使用的教学物件并不能让学习者认清其实体之外的意义的话，那么这样的教学就与直接给出定义和定律的方法一样抽象，因为它只会将学生的注意力从所学习的概念转移到教学物件对他们的感官刺激上。

具体事物与感官上孤立的事物间含混不清

有人认为只需将实物放在学生眼前，就能在学生大脑中留下某个特定概念，这种观点几乎成了教师迷信的信条。将实物和感官训练引入教学确实比之前的纯语言教学要进步很多，但这一进步也会误导教师，让他们无法意识到事情其实只做了一半。事实上，引入实物与感官确实能够发展孩子的思维，但前提是他们能够在自身的活动中应用实物。能让孩子运用自然资源、工具和各种能力，并促使大脑思考事物的意义和联系以及实现目标的方法的持续性活动和任务才是恰当的；单独将事物呈现在孩子面前的做法是无用且死板的。几十年以前，基础教育改革的最大障碍在于，人们坚信语言的象征性（包括数字）能促进思维的训练；今天，对实物教学的迷信也在阻碍着改革的道路。“较好”经常成为“最好”的障碍。

将兴趣转移到智力活动

2. 对结果、成功完成某个活动的兴趣，应当逐渐转移到对物体的研究上来，即研究它们的特性、结果、结构、原因和效果。成年人在工作中很少有时间和精力去研究自己的行业，除非那与他们手头正在进行的工作有关。儿童的教育应该通过儿童对某一活动及其结果的直接兴趣，引发其对与该活动存在间接关系和较远联系的事物的关注。对木工和车间工作的直接兴趣应逐步转化为对几何和机械问题的兴趣；对做饭的兴趣应滋生对化学实验、生理学和成长健康的兴趣；对绘画的兴趣应该过渡到对雕塑技巧及美学欣赏的兴趣。这样的发展才体现了“从具体事物出发，引出抽象事物”中“出发”的重要含义，因为它代表了这一过程中动态的、真正具有教育意义的因素。

思考活动的良好发展

3. 最后的结果，即教育所要达到的抽象目标，指的是对思维活动本身产生的兴趣，即因为喜欢思考而进行思考。起初，行为和过程只是一些事物的附带产物，但是后来却发展并保留了其引人入胜的自身价值，这种现象是很常见的，思维和知识也是如此。刚开始它们只是某件事的结果和调节行为之外的附带产物，但是后来，它们吸引了孩子越来越多的兴趣，直到其自身也变成一种目的，而非工具。于是，为了完成感兴趣的事，孩子们不由自主地持续进行反思性观察和检验，如此培养起来的思维习惯会不断地发展壮大，直到其自身也变得重要起来。

转换的例子

第六章讨论的三种情况代表了由实际到理论的循环上升。为了履行约定而进行的思考显然属于具体的范畴。想要弄明白船体某部分意义的事例处于抽象和具体状态的中间位置。杆子存在的理由和位置具有实际意义，对于设计者而言，这个问题是纯粹具象的，即其存在是为了保证一系列行动的产生。但对于船上的乘客而言，这个问题就是理论的，带有或多或少的猜测性质。不论他得出杆子的用途与否，这对于他抵达目的地的目标都没有任何影响。第三个例子，气泡的出现和运动所代表的是严格意义上的理论或抽象问题，我们不需要克服外部存在的障碍，也无须调整为达到目标而采取的外部手段。好奇心与求知欲受到了一个看似是反常现象的挑战，我们的思维便试图通过公认的原理来解释这一反常现象。

理论知识从来不是终结

（1）我们应该注意到，抽象思考代表了某个目标，而不是终极目标。对我们无法直接使用的事物进行持续思考的能力是实践和直接思维模式的衍生品，而非替代品。教育的目标不是毁掉思考的能力，跳过障碍，对方法和目标做出调整；也不应由抽象的反思性思维取代。不是理论思考比实际思考更高一级，而是掌握这两种思考形式的人比只懂得一种思考形式的人要高明。发展抽象思维能力的方法如果减弱了实践和具体的思维习惯，就与那些所谓培养计划、发明、安排、预测能力的方法一样，并没有达到教育的目的，不能让人们通过对实际结果的反思性思考来获得乐趣。

大多数小学生并不使用同一思维模式

（2）教育者应该注意到个人之间存在差异；他们不能将一种模式和模型强加给所有学生。很多人（也可能是大部分人）的行为和思维习惯从始至终都是以结果为导向，而不是以获得知识为导向。在成人中，工程师、律师、医生、商人的数量比学者、科学家和哲学家的数量要多得多。不论职业兴趣和目标为何，虽然教育应当使人们具备学者、科学家和哲学家的精神，但我们不能认为一种思维习惯一定比另一种优越，将实践型思维强制转变为理论型思维。我们的学校不正因为单方面倾向于抽象思考，而给大部分学生带来了不公吗？我们所谓“自由的”和“人性化的”教育不正是因为那些过度专业的思想家们，才过于强调对专业人员的培养吗？

教育的目标在于取得有效的平衡

教育的目标应该是保证两种思考态度的平衡互动，充分关注人们的个性特征，防止损害或者削弱人们的天赋。那些具象的个性特征本就有限，需要得到解放。教师应抓住实际活动中的每一个机会来培养学生对问题的好奇心和怀疑能力。我们不能依靠暴力来抑制自然性情，而应尽力拓宽它的发展可能性。对于那些对抽象的纯思维性的问题非常感兴趣的少数人，我们应该努力去增加他们应用思维的机会和需要，让他们能将抽象的真理运用到社会生活中去。每一个人都有这两种思维能力，如果这两种能力能够紧密地联系起来，那么每个人的生活都会变得更加有效、更加快乐。

第十一章　经验思维和科学思维

一、经验思维

经验主义思维依靠过去经验

除了培养科学的方法，推理还需要某种习惯，这种习惯是在没有经过逻辑编排而汇聚到一起的大量具体经验的影响之下形成的。比如A说："明天大概要下雨。"B问："你怎么知道的？"A回答："因为太阳落山时天空显得很低。"B又问："这和明天下雨有什么关系呢？"A回答："我不知道。但是通常出现这种情况之后，天就会下雨。"A不知道天空显示的迹象和雨将要到来之间有什么联系，他也不知道这些事实本身存在什么连续性，换句话说，他不知道任何相关的定律和原理。观察到两件事情经常连续发生，他便把二者联系到了一起，这样，当看见其中一种现象出现时，他就会联想到另一种现象。其中一件事暗示了另一件事的存在，或者说与另一件事紧密相连。一个人可能因为查看过晴雨表而相信明天会下雨；但是如果他对水银柱的高度（或水银柱升降刻度的位置）和大气压的变化之间的联系毫无概念，也不明白这些现象和空气湿度有什么关系，那么他对下雨的猜测就纯粹是经验性的。当人类还在野外生活，靠打猎、捕鱼或放牧为生时，预示天气变化的迹象对他们是非常重要的，由此也发展出了大量的格言和谚语，形成了众多民间传说。但是只要人们不知道某些事物为什么，或者如何成了其他事物的迹象，只要天气预测仅仅依靠重复出现的相关事件，那么那些关于天气的观念就完全是基于经验的判断。

在某些事情中，这样做足够了

同样，当聪明的东方人还不理解天体运行规律，即对有关事物的内在连续性缺乏概念的时候，他们就能够相当精确地预测出行星、太阳以及月亮的周期位置，并能预告日食、月食出现的时间。他们也是通过反复观察才获得那些认识的。不久以前，医学的发展也与之类似。经验表明，“大体上”“一般说来”或“按照通常说法”，当某种症状出现时，对其施以某种药物治疗就会取得较好疗效。我们大部分关于人类个体本性的认识（心理学）和群体本性的认识（社会学）仍然是纯经验性的。甚至几何学——在现代人看来属于典型的依靠理性的科学，也是起源于埃及人积累的类似地表测量方法的观察记录，后来传到了希腊人那里才逐步具备了科学的形式。

纯粹经验思维的缺陷是明显的。

但它会导致错误的信念

1. 首先，尽管许多经验性结论从大体上来说是正确的，对实际生活也确有很大的帮助；尽管那些善于预测天气的渔民和牧人的预言，在一定程度上，比那些完全依靠科学观察和测量的科学工作者所做出的预报更加准确；尽管实际经验观察和记录为科学知识的形成提供了素材和原料，但是这种依靠经验的方法却不能辨别结论的正确与否。因而，经验方法又是造成大量错误观念的根源。最普遍的谬误之一，术语称之为“后此谬误”，就是相信如果在一件事情之后出现另一件事情，那么前者就是后者的原因。这一谬误很好地体现了经验性结论的原理——即使有时结论是正确的，那也是因为侥幸。土豆只能在残月时种下；沿海地区的人在涨潮时出生，在退潮时死亡；彗星是危险的预兆；摔碎镜子意味着将有厄运降临；一种特定药物只能治愈一种疾病，这些观点以及其他类似的观点，都是人们在两件事恰巧多次同时发生后通过经验得出的。这些的预言与观点上习惯的形成都是以重复发生的类似事件为基础的。

也不能够让我们应付新情况

2. 有关经验的事例越多、对事例的观察越细致，事物之间持续联系的证据就越可靠。我们许多最为重要的观念，至今仍然依靠这种保障而存在。衰老和死亡，从经验上来看，在所有预期事物中是最为确定的，但是至今也没有人能说明衰老和死亡的确切、必然原因。在这类依经验而得出的观念中，哪怕是最可靠的观念也会在遇到新情境时失去作用。因为这些观念与过去的经验相符合，如果新的经验在相当程度上脱离了过去的情境和以往的先例，它们就没有用处了。基于经验的推论需要遵照常规惯例留下的车辙前行，一旦这些惯例消失，这类推论就再也找不到可遵循的规律，这一点很重要。克利福德正是通过这点发现了普通技巧和科学思维之间的不同。他说："技巧能使人应对自己遇见过的情况，但科学思维能让他应对从未遇见过的情况。"他还认为科学思维的定义应该是"将旧有的经验应用于新的情境之中"。

而且带来懒惰、专横以及教条主义

3. 我们还没有提到经验方法最大的害处。心理惯性、懒惰、过度保守或许都与经验方法相伴相生。相比它得出的错误结论，它对思维态度造成的普遍负面影响更为严重。如果我们做出的某个推论主要依赖于过去的经验中观察到的种种事物的联系，我们就会忽略该推论在通常情况下失效的事实，并夸大其准确预测的情况。因为我们的思维天生就需要连贯性，需要通过某种联结将孤立的事实与原因结合在一起，为了达到这个目的，思维会竭力地任意虚构这种联结。我们对幻想和神话的解释就是为了弥补所缺的环节。水泵能抽出水是因为真空原理；鸦片使人入睡是因为它有催眠效果；我们能够回忆过去的事情是因为我们的大脑有记忆的功能。在人类知识发展的历史中，经验主义发展的第一阶段孕育出了神话，而在其发展的第二阶段，“隐藏的本质”和“神秘的力量”就出现了。正因为其隐藏的、神秘的性质，我们观察不到这些“原因”，所以我们无法通过进一步的观察和未来的经验来对其进行证明或驳斥。由此产生的信念就变成了纯粹的传统。这些传统催生了信条，经过不断反复、世代相传，就变成了教条，而这实际上却扼杀了后来的探索和反思。

某些人成为这些教条思想的公认的捍卫者、传播者，即导师。怀疑这些信念就等同于怀疑他们的权威性；而承认这些信念，就表明对权威忠诚，证明你是一位好公民。相应地，被动接受、顺从和默许教条思想就成了主要的美德标准。对种种新奇多样的事实和事件，这些信奉教条思想的人或视而不见或强加修剪，竭力使其与传统信念一致。他们一味引证古老的定律或众多杂乱的未经仔细审查的事实，扼制探索和怀疑的声音。这种思维态度让人们拒绝变化、厌恶新事物，极大地扼杀了进步。凡与既定准则不符的都是异端邪说，而凡是取得了新发现的人就会遭到人们的质疑甚至迫害。那些信念最初可能也是以广泛的、细致的观察为基础的，但是被固化成了传说和神圣的信条，它就僵化了，被当作权威简单地接受了下来，并且同那些偶然得到了权威人士认同的幻想概念混在了一起。

二、科学方法

科学方法分析了当下的实例

科学方法与经验方法正好相反，科学方法是找出一种全面的事实去代替因为反复出现的巧合而被连接在一起的原本毫无关系的多个事实。为了达到这一目的，我们必须把观察到的粗糙的事实分解成无法直接感觉到的、更为精细的大量过程。

如果问一个普通人，为什么一个普通水泵能将水塘

采纳经验方法的阐释

里的水抽到高处，他肯定会回答："因为水泵有吸力。"吸力被看作类似于热力和压力的一种力。假如这个人发现，水在水泵的吸力下，只能上升大约33英尺[1]，他会很轻易地回答：各种力的强度是不同的，而且每种力都有各自的极限值，一到这个极限值，力就不起作用了。他并没有注意到，由于海拔高度不同，水泵吸水所能达到的高度也会随之变化。但是即便他注意到了这一现象，也会错误地认为那只是自然界中千奇百怪的奇妙现象之一。

科学方法依赖于差异

相反，科学工作者认为表面上看起来独立的物体、实际上非常复杂的这样一种认识更为先进。所以，他试图把水在管中上升这一单独的事实分解成许多细小的事实。他所采用的方法是尽可能地变换条件，并且随时注意当每一个条件被排除时会发生什么情况。他有两种变换条件的方法。第一种方法是基于经验的观察方法，即在偶然出现的各类条件下进行大量观察，然后对其结果仔细比较。这样他就会发现不同的海拔高度，水上升的高度是不同的。即使在和海平面等高的地方，水上升的

1　英尺，英美制长度单位，1英尺=0.3048米。——译注

高度也没有超过 33 英尺。这样做是为了找出哪些特殊条件的出现会引发某种效果、哪些特殊条件的消失又会或者导致效果消失。这些特殊的条件就代替了简单粗糙的事实，又或者成了该事实背后的原理，也是我们理解这一事实的关键所在。

然而，这种通过案例对比来进行分析的方法是有严重缺陷的，只有当数量相对众多的不同事实出现时，这种分析方法才能产生效果。而且，即便不同的事实被呈现了出来，它们的变化又是否真的能帮助我们理解所讨论的问题呢？这种方法是被动的，还需要依靠外界偶然的事件。所以，主动的或依靠实验的方法便具有了优越性。即使观察到的事实数量不多，但它们也能让人联想出一种解释——一个假设或理论。据此，科学工作者就能有意识地变换条件，并观察相应的情况。如果经验的观察向他联想到水面上方的空气压力和无空气压力的管中水的上升高度之间可能有联系，那他就会有意识地抽掉盛水的容器中的空气，那么“吸力”便会失去作用。他还可能有意识地增加水面上的空气压力，以观察相应的结果。他还会进行其他实验，即计算海平面以及海平面以上不同高度的空气重量，然后推算出单位面积水面　还有创造差异上的空气压力，并把推论结果和实际观察到的结果进行比较。依据某种思想或理论来变换条件进行观察，这就是实验。实验是科学推理的主要来源，因为它能帮助人们更快捷地于从杂乱无章的事实中挑出重要的因素。

再谈分析和综合过程

因此，实验思维，或者说科学思维，是一种将分析和综合相结合的过程，或者用简单的术语来说，是区分和同化的过程。吸力阀门启动时水就会上升的这个事实被分解或区分为一些独立的变量，其中一些是人们以前从未观察到，甚至从未想过与这一现象有关的因素。大气的重量这一因素被人们挑选出来作为理解整个现象的关键。这种分解方法就叫作分析。但是，大气及其压力或重量的影响不只限于这一事例。它是很常见的，至少在其他大量的事实中，都可以发现大气压力的作用。选定这个不为我们感知的、细微的事实作为水泵抽水高度的实质或关键，水泵抽水现象就和以前与其毫无关系的种种普通的事实联系了起来。这一过程就是综合。而且，大气压力这个事实本身是所有事实中最普通的一种事实——重力或引力——产生作用的一个案例。凡是适用于重力这一普遍事实的结论，也同样可以用于思考和解释水泵吸水这种比较少见的特殊事例。吸水泵便能同很多乍一看根本不存在任何关系的事物关联成一类事物，例如虹吸管、晴雨表、气球的上升。这是科学思维中综合或同化功能的又一个事例。

如果我们现在回过头来，思考科学思维相对于经验思维有什么优势，我们可以找到如下几点：

减轻误差所带来的责任

1. 可靠性更高。用大气压力这一详细的、特定的事实替代了吸力这个粗糙的、广泛的和相对混乱的事实后，论证的可靠性提高了，确定性或证据增加了。吸力这个解释是复杂的，因为它包含了许多未知的和未曾弄清的因素。所以，任何有关它的观点或多或少地都带有偶然性，遇到任何未曾预见的情况变化，这种观点很可能会被推翻。相较而言，空气压力这个细微的、具体的事实至少是一个可测量到的、确定的事实——它能够被人们挑选出来并且加以精确控制。

管理新业务的能力

2. 正如分析增加了推论的肯定性，综合也带来了妥善应付新情况的能力。重力是比大气压力更为普遍的事实，而大气压力又是比水泵吸力更普遍的事实。以普遍的、经常发生的事实替代那些比较罕见的、特殊的事实，就是把表面看起来新异的、特殊的事实，变成以普通的、为人们所熟悉的原则为基础的案例，这样一来新奇和异常的情况就能够得到人们的控制，人们就能够对其做出解释和预测了。

正如詹姆斯教授所说的那样：把热看作是运动，那么凡是适用于运动的原则，也都将适用于热；对于每一种热，我们都会有一百种运动的经验去应对。把光线穿过透镜看作是光线朝着垂直线弯曲的事例，你就可以使用生活中非常熟悉的概念——线的方向的特殊变化来替代比较陌生的光线折射事例了。

对未来或发展保有兴趣

3. 从依赖过去、常规和习惯的保守态度到相信通过思考控制现有条件可以取得进步的转变自然是由基于实验的科学方法所引起的。基于经验的方法不可避免地夸大了过去的影响；而实验的方法则突出了未来的种种可能性。经验的方法说："事实数量不足的时候，我们要等待。"实验的方法说："我们可以制造事实。"前者依靠自然界偶然呈现给我们的情境联系；而后者则有意识地、有目的地努力使这些联系凸显出来。通过这种方法，进步的概念便获得了科学的保证。

自然的力量对逻辑的影响

一般经验大体上会受到各种事件的力量和强度的直接控制。强烈的光亮、突然发生的事情、巨大的响声都能引起人们的注意，并得到人们对它的评价。人们容易忽视暗淡的、微弱的和连续发生的事物，认为其无关紧要。人们习惯于被直接的和即时的力量控制思维，而非那些长期看来具有重要意义的因素。总的来看，没有预测和计划能力的动物，面对非常紧急的刺激时会立即做出反应，否则它们将无法生存。随着思维能力得到发展，这些刺激并没有失去它们原本的紧迫性和强烈性，但是思维要求这种直接即时的刺激服从于长远的要求。有时候，微弱细小的事物可能比强烈的、庞大的事物更加重要，因为后者可能象征着事物本身的力量可能已经耗尽，而前者可能暗示着一个崭新的过程即将开始，这个过程包含着特有事物的全部发展趋势。科学思维首先需要思维者将自己从感官刺激和习惯的束缚中解放出来。这种解放也是进步的必要条件。

从流水中得到的阐释

请思考下面这段引文："在人第一次想到流动的水与人力或畜力具有一样的动能，也就是说，它具有克服惯性和阻力，推动其他物体运动的能力后，当他看到一条溪流，便会联想到它与动物的力具有共同点，这就为人类增加了一种很好的新动力。当情况允许时，这个力就能够替代其他形式的力了。现代人都很熟悉水车和木筏，所以对我们而言，水力与人力、畜力的相似点是非常明显的。但是如果我们假设自己还处于人类思维的早期阶段，当人们对水的认识还仅仅停留在波光闪闪、奔腾咆哮和不定期造成破坏的时候，我们轻易就能推想到：早期人类绝不会将河流的动能与动物强壮的力量等同起来。”

抽象价值

如果我们在这些明显的感官特征中，附以各种对个人思想产生固化影响的社会习惯和期望，我们就会发现，用经验式的观念来压制自由的、充满创造力的联想会带来怎样的负面效果。抽象思维能力能把思想从惯性反应中解放出来，让人们能沿着联想探索丰富的可能。

经验是思想的概括

简而言之，我们可以通过“经验性”或“试验性”的思维态度来对“经验”这一术语进行阐释。经验不是呆板的、封闭的，而是充满活力的、不断发展的。当经验局限于往事、受习惯和陈规支配的时候，它往往会变成理性和思考的对立面。但是，经验中包括的反思，也能使我们摆脱感官、欲望和传统的局限性影响。当然，经验也会吸收和融汇一切最精确、最具洞察力的思维所发现的事物。的确，教育应该被定义为对经验的解放与扩充。一个人在儿童时期的可塑性比较大，因为他还没有受到一个个孤立的经验的影响，思维习惯还未变得过于依赖经验以至于无可救药。儿童的态度是天真的、好奇的、实验性的；社会和自然界对于儿童来说都是新奇的。正确的教育方法能够保持和完善这种态度，让人们找到捷径，了解整个民族缓慢的发展过程，并消除那些由于依赖陈规的惰性而导致的浪费。

第三部分

PART THREE

思维训练

第十二章　思维活动和思维训练

本章将集中并详细讨论前述章节中关于行动与思想的观点。我们将主要按照人类发展的历史来进行阐述。

一、早期活动阶段

婴儿遇到的问题决定了他思考的内容

看到一个婴儿，我们常常会想："他在想什么？"按理说，人们是无法对这个问题做出详细回答的；但是，这样的问题或许能帮助我们弄清楚儿童的主要兴趣是什么。儿童面临的主要问题是根据周边环境，让自己的身体做出调整，以便让自己感到舒适安乐。婴儿几乎要学习所有事情，比如看、听、伸手、触摸、保持身体平衡、爬、走等。即使人类比低级动物拥有更多的本能反应，但是这种本能反应并不如动物的完善。而且，如果人类没有通过智慧对自身本能进行组合与指导，那么这些本能就几乎没有任何用途。一只刚刚破壳的小鸡在做过几次尝试之后就知道怎么用喙啄食谷物了。这需要眼睛和头部的复杂配合。可是婴儿在出生后几个月后才伸手去抓眼睛看见的东西，之后还需要经过几个星期的练习，他才能学会调整姿势，准确地抓住看到的东西。一个小孩想要摸到月亮，这的确是不可能的，但他确实需要一些练习，才能分辨是否能够抓到某个物体。婴儿的眼睛一受到刺激，手臂就本能地伸展开来，做出相应的反应，这种反应是准确而迅速地伸手抓取某物的能力的根源。尽管如此，最终要想达到精通熟练的程度，孩子仍然需要进行观察，选择有效的动作，并且根据自己的目的来安排自己的动作。这些有意识的选择和安排的行为就构成了思维，尽管它只是一个初步的思维形式。

对身体的掌控是智力问题

因为掌握对身体各器官的控制对婴儿以后的发展是必要的，所以这样的问题就显得既有趣又重要。而且，解决这个问题的过程又为思维能力的培养提供了真正意义上的训练。婴儿很喜欢学习如何运用四肢，喜欢触摸他所看到的东西，喜欢把声音和所看到的东西联系在一起，把所看到的东西和尝到的、触摸到的东西联系在一起。而且儿童在出生后的一年半时间里（这一时期，婴儿会掌握基本的身体运用问题），智力水平也会迅速提高。所有这些都充分地证明了婴儿通过学会控制身体，不仅发展了身体活动能力，也发展了智力。

社会适应和交往的问题

尽管在最初的几个月中，婴儿主要将时间花费在学习如何调整身体以适应环境，以及如何熟练有效地运用事物上，然而，对社会的适应对他们来说也是很重要的。婴儿在与父母、保姆、兄弟、姐妹的相处中明白了他们能满足自己的食欲，消除自己的不适，并为他提供适宜的光线、颜色、声音等。婴儿与物件的联系是受人控制的，因而他很快就能分辨出人是所有与之关联的对象中最重要、最有趣的对象。语言——唇舌运动与声音的精确配合——是适应社会环境的最重要的工具。随着语言能力的发展（一般是在第二年），婴儿能根据他人的行为来调整自己的行为，这为他的心智发展奠定了基础。当他看到别人做事时，他会尝试着去理解，并在受到鼓励时做出行动，如此一来，他的活动形式就得到了扩充。心智活动的轮廓就这样在人生最初的四五年中形成了。几年、几代人、几个世纪的发明和规划，已使成人的工作和职业取得了重大发展，而儿童正是处于成人的包围之中。对儿童而言，成人的行为是直接的刺激，是其所处自然环境的组成部分；这些具象的行为在儿童的视觉、听觉和触觉方面有着很强的吸引力。当然，儿童无法直接通过感官来掌握这些行为的意义。但是，这些行为构成了一种刺激，促使儿童做出反应，这样，他的注意力就集中在较高层次的、更为重要的事物与问题上了。上一代人所取得的成就形成了指导下一代人活动的刺激物，如果没有这一过程，人类文明的就无法传承，每一代人也只能在原始野蛮的环境中艰难地寻求生存。

社会适应导致模仿，而并非由其引起

模仿仅仅是成人行为对婴儿的刺激所激发的一种反应。这些有趣、多变、复杂和新奇的刺激能够引发思维的迅速进步。然而，只模仿并不能引发思维。如果我们像鹦鹉学舌那样，通过单纯模仿别人的外在行为去完成学习，那就永远无须进行思考。即便我们通过模仿掌握了某一行为，但我们却并不知道这一行为到底有什么意义。教育学家和心理学家经常这样假定：重复别人的行为仅仅需要模仿。但是，儿童很少通过有意识地模仿别人来完成学习，也就是说，他的模仿通常是无意识的。从儿童的角度来看，他的学习行为完全不是模仿。其他人的话语、手势、行为以及正在做的事引发了儿童天生的某种冲动，让他觉得这是一种自己可以达到某种目的、获得满足感的很好的表达方式。当有了自己的目的，儿童就会像注意自然事件一样去注意其他人，进而得到更多的启发，明白如何能达到自己的目的。他会选择观察到的某些方法，对之加以尝试，区别成功的和不成功的方法，并在自己的大脑中对它们的价值进行估计。就这样，他继续进行选择、安排、实验和调整，直到他如愿以偿为止。旁观者或许观察到了儿童的这一动作与成年人的某些动作存在着相似性，于是就断言这一行动是通过模仿学来的。但是事实上，它是通过注意、观察、选择、实验和对结果加以证实而得来的。正是这一方法带来了思维训练和教育成果。成人的活动在儿童的心智发展过程中发挥着重大的作用，因为他们的活动在自然刺激的基础上增添了新的刺激物，这些新加入的刺激物也更适应人类的需要，内容更加丰富、构成更为合理、范围更加广泛、适应性更加灵活，因而也能引起更新奇的反应。但是儿童在利用这些刺激物时所使用的方法与支配自己的身体而采用的思维方法是一样的。

二、游戏、工作及类似的活动

当某些事物变成了符号，可以象征其他事物的时

游戏表明从意义或者想法上对活动的支配

候，游戏就会在单纯的体力活动中加入脑力活动。一个小女孩把玩具娃娃弄坏了，她就用玩具娃娃的腿来做各种各样的游戏，比如洗刷娃娃的腿，把它放在床上并爱抚它等。她像往常一样，把娃娃的腿当作整个娃娃来做游戏。这时，玩具娃娃的部分代表了整体，小女孩不仅对娃娃的腿所呈现出的感官刺激做出了反应，而且对它所代表的娃娃这一整体的意义做出了反应。以此类推，孩子们常把一块石头当作桌子，把树叶当作盘子，把椰子壳当作杯子。他们对待玩具娃娃、小火车、积木和其他玩具时也是如此。在玩这些玩具的时候，他们并不是生活在真实的物质环境之中，而是生活在由那些玩具所联想到的、带有多重自然和社会意义的大环境里。所以，当孩子玩玩具小马、假装开办商店、玩过家家或假装打电话的时候，他们是将玩具所暗示的意义置于玩具本身之上的。如此一来，他们就构建起了一个具有多种意义的环境，获得了大量概念储备（这些对于思维发展非常重要）。而且，儿童不仅熟悉了种种意义，还把种种意义组合在了一起，使之彼此紧密相连。一项游戏和一个故事会慢慢地彼此融合起来。在儿童最富想象力的游戏中，各种意义总是紧密地联系着，即使“最自由”的游戏也要遵守连贯和统一的原则。所有的游戏都拥有开端、过程和结局。在游戏中，各种秩序规则贯穿于每个小动作之中，并把它们联结起来，形成了一个整体。大部分游戏都有规律、竞争、合作以及组织。因此，柏拉图率先提出，福禄培尔[1]也再度强调，游戏是儿童幼年晚期主要的、几乎唯一的教育方式，这种说法并不是没有道理的。

对想法的组织包含于游戏中

游戏的态度比游戏本身更为重要，因为前者是一种心理状态，而后者属于这一态度的一时的外在表现。当事物被简单地看作是某种暗示的载体时，所暗示的意义就超越了事物本身。因此，玩游戏时的态度是一种自由的态度。有了这一态度，人们就不必再拘泥于事物的物质特性，也无须关心自己是否理解了该事物“暗示”的东西。当儿童将扫帚当作马，将椅子当作火车来做游戏，他并不在乎扫帚并不能指代马、椅子并不能指代火车的事实。所以，为了使儿童这种游戏的态度不只是停留在随意的幻想中，停留在构建一个与现实世界平行的想象世界中，我们有必要将这种游戏的态度逐渐地转化成对待工作的态度。

游戏时的态度

1　福禄培尔（1782—1852），德国教育学家，现代学前教育鼻祖，曾创办第一所被称为“幼儿园”的学前教育机构。——译注

工作态度注重手段和目的

什么是工作？这里所说的工作不仅是外在的行为表现，也是一种心理态度。它暗示着人们不再仅仅满足于接受事物暗示的意义并根据其意义采取行动，还要求意义与事物本身要全然契合。在成长过程中，孩子们最终会发现那些虚假的游戏不再能继续给他们带去满足，因为虚构过程太容易了，不能再提供足够的刺激来引发令人满意的心理反应。想到这一点，他就会把玩具所暗示的含义应用到与该含义更加契合的事物上。如果一辆小车装配着“真的”轮子、车辕和车身，类似于一辆“真的”车，那么这辆小车不仅能满足孩子的心理需求，还比孩子信手拿来当作“车”的玩具要好得多。偶尔坐在摆放着“真”碟子的“真”桌子旁边，要比总是将一块平放的石头当作桌子，把一片树叶当作碟子的游戏更令人满意。这时，孩子的兴趣依旧集中在事物的意义上，而事物越能传达某种意义，就越有重要性。这还是一种游戏的态度，只是这时意义的特性已经改变——它必须以合适的事物为载体。

因为结果而关注过程

根据字典上的解释，我们不能把这类活动称为“工作”。然而，这类活动却代表了从游戏转变到工作的过程。因为工作（这里指的不仅仅是外在行为，也是一种心理状态）指的是通过合适的物质与工具，将某一意义（或某个暗示、某个目的、某个目标）进行充分具体化的兴趣。这种态度利用了在自由游戏中唤起并建立起来的意义。但是，它却控制着意义的发展，使其在应用于事物时能够与可以观察到的事物本身的结构保持一致。

游戏和工作快速分离的后果

我们可以通过一种更为易懂的方式来说明游戏和工作的区别。有人认为，在游戏活动中，人们的兴趣在于游戏活动本身；而在工作中，人们的兴趣在于活动最终的成果或结果。因此，前者是完全自由的，而后者则受到所要达到结果的制约。这种鲜明的对比，时常误导人们对过程和结果、活动和成果进行一种错误的、人为的划分。然而，游戏与工作之间真正的区别，并不在于人们感兴趣的是活动自身还是活动外在的成果，而在于人们感兴趣的活动是随意发展的，还是以结果为导向、拥有一条能贯穿各个环节的连贯线。两者都能激起人们"基于活动本身"的兴趣；但是，在前一种活动中，兴趣的产生或多或少带着点偶然性，它可能源自于环境中的偶然事件，或者一时而起的念头，又或者别人的要求；而对于另一种，活动是通过它的趋向和成果丰富起来的。

假如关于游戏与工作态度之间关系的错误理论，与学校的错误教学方式没有什么关系，我们可能就没必要如此仔细地分析正确的理论了。但是，在幼儿园和中小学各年级里，把游戏和工作态度截然分开的现象非常盛行，由此可见这种错误理论对实际教学产生了多大的影响。在“游戏”的名义下，幼儿园教育变得过于象征化、幻想化、感情化和任意化。而在与前者相对立的“工作”的名义下，中小学的教育又包含了太多外部指派的任务。前者缺乏目的性，后者的目的又太遥远，这种目的只有教育者才能够理解，儿童是无法理解到的。

到了一定的时期，儿童必须扩展对现存事物的认识，并使之更加精确。他们必须足够明确地推断出目的和结果，并以此作为行动的指导；必须获取某些技巧来选择和安排各种方法，进而达到自己的目的。上述这些因素在儿童较早的游戏时期，就应逐渐被引入。如果等到后来再突然引入这些因素，对于儿童早期和晚期的学习来讲，都是没有任何好处的。

关于想象力和实用性的错误想法

游戏和工作的尖锐对立，通常与我们对想象力和实用性的错误概念有关。由于对家庭和邻里事务感兴趣而引发的活动，仅仅因为其过于实用而受到轻视。让儿童洗碗、摆餐具、做饭、给娃娃做衣服、制作盛放“实物”

的盒子、用锤子和钉子自制玩具等，据说可能会导致审美能力、欣赏能力和想象力的丧失，让儿童的发展趋向物质的、实际的事务。然而，（据说）如果让儿童扮演鸟类和其他动物，父母和孩子，工人和商人，骑士、士兵和文职官员等角色以展现他们之间的关系，就是一种对儿童心智的自由训练，不但具有智力上的价值，更具有道德上的伟大价值。这些人甚至认为，让儿童在幼儿园里栽种和照料植物的做法过于物质实用。然而，如果让儿童在戏剧里表演种植、耕作、收割等生产活动，不论他们是使用真实的工具还是替代的道具，这类扮演活动对于儿童的想象力和欣赏力来说都是极具教育意义的。更有甚者认为玩具娃娃、火车、船和引擎等都应该严格禁用，他们转而向儿童推荐立方体、球体和其他能代表社会活动的象征物品。他们认为，载体与象征意义越不相符——比如用立方体代表小船——对想象力的培养就越有益。

这种想法有如下几点错误：

实现不存在和重要想象的一个媒介

1. 健全的想象力不是用来凭空想象的，而是用来在大脑中将物体暗示的含义构建起来的。发挥想象力并不等于在纯粹的幻想和空想中任意驰骋，它是一种扩展和丰富真实事物的方法。对于孩子来说，发生于身边的家庭活动不是一种达成现实目的的功利手段。这些活动向孩子展示了一个他尚未完全理解的美好的世界、一个成人在这个世界里的一切行为都让他感到羡慕的充满秘密与期许的世界。在这个世界里，成人们因为自己例行公事般的职责感到无聊乏味；对儿童来说，这却充满了社会意义。从事这些活动，即等同于运用想象力来构成儿童自己所不曾掌握的、具有重大价值的经验。

只有已经从经验中认识的才能符号化

2. 儿童们的反应大体上是身体和感官的自然反应，但是教育者有时却认为儿童的这种反应是因为感知到了一种伟大的品德和精神真理。儿童有巨大的戏剧模拟能力，他们的身体行为（对具有哲学理论的成年人来说）似乎表明，他们体会到了骑士精神、献身精神或崇高的品德，然而这只是因为他们正处于一种短暂的身体亢奋状态而已。要让儿童体会到一种其实际经验范围以外的伟大真理，是一件不可能的事情。这样做还可能让儿童沉迷于短暂的刺激中。

有用的工作不一定是必需的劳动

3. 反对在教育中使用游戏的人，总是认为游戏仅仅是一种娱乐活动。而那些反对在教学中加入实用性活动的人，又混淆了工作与劳动的关系。成人们都知道，重大的经济成果取决于负责任的劳动。因而，他们会寻求消遣、放松和娱乐。除非儿童过早地从事工作或沦为童工，否则他们不会将工作与游戏区分开。如果一件事引起了儿童的兴趣，那完全是因为它本身足够有趣。因此，为了实用而做事和为了娱乐而做事就没有任何差别了。他们的生活也就会更加统一、更加完整。如果因为成年人通常在实用性压力下才能完成某种活动，就认为儿童也不可能自由地、愉快地从事某种活动，这种假定是缺乏想象力的。决定哪一件事是属于功利的、哪一件事是不受约束而且具有创造性价值的，不在于所做的事情，而在于做事时的心理态度。

三、创造性作业

科学的发展源于职业

人类的文明史表明，科学知识和技能都源自于解决实际问题的需求，尤其是在人类早期阶段。解剖学和生理学产生于保持身体健康和活力的实际需要；几何学和力学产生于测量土地、建造建筑和制造节省劳动力的机器的需求；天文学和航海、计程与计时也都紧密相连；植物学发源于医药和农业的需求；而化学则一直与染色、冶金和其他相关工业需求密切相关。因此，现代工业几乎完全是应用科学。随着时光流逝，常规工序和粗糙的经验主义的用武之地逐渐缩小，科学发现逐步转变为工业发明。电车、电话、电灯、蒸汽机等为社会交往和管理带来了革命性的影响，这些都是科学的产物。

在学校的职业课程中获取知识的可能性

上述事实具有丰富的教育意义。大部分儿童都更倾向于动手操作。学校也开设了大量动手课程，一般以手工劳作的形式开展，还包括学校园艺、短程旅行和各种各样的绘图技巧等形式。开设这些课程大体上是基于实用的目的，而不是基于严格意义上的教育目的。或许，当前教育领域最为紧迫的问题是如何组织和组合这些学科，使它们成为培养机敏性、耐性和有效思维习惯的工具。人们普遍认为，这些学科更契合儿童主要的、固有的特性（能激发他们行动的意愿）。越来越多的人也承认，这些学科能为学生培养自理能力和高效的社会服务能力提供很好的机会。但是，这些学科也能向孩子们提供需要解决的典型问题，让他们通过反思与实验来解决问题，构建明确的知识体系，以便日后学习更为专业的科学知识。的确，体力活动或者娴熟的动手能力并不能保证孩子们的智力发展。手工课程同书本科目一样，可以通过常规经验、指导或传统教学方法来进行。但是，通过合理的安排，孩子们也可以在园艺、烹饪、纺织或基础木艺和铁艺的实践过程中，进行连续的智力活动，这样不仅能积累大量关于植物学、动物学、化学、物理学和其他学科的重要的实践经验和科学知识，还能（这一点更为重要）逐步掌握实验探究和证明的方法。

因小学生负担过重，小学课程普遍受到了非议。要防止人们保守地恢复传统教育教学方法，我们就要弄清楚各种艺术、手工与劳动科目中存在哪些智力培养的可能性，并据此重新规划现行的课程体系。在这些科目里，我们才能找到办法，将盲目的、因循守旧的民族经验模式转化成具有启发意义的、开发心智的实验模式。

第十三章　语言与思维训练

一、语言是思维的工具

对语言的不同态度

语言和思维有着十分密切的关系，因而需要在此作专门的讨论。英文里“逻辑”（logic）这个词，是从“理性”（logos）这个词演变而来的，其原意是指文字或语言，也指思维或理性。尽管学校教育把语言作为学习的主要工具（而且经常是学校的主要科目），但几个世纪以来，教育改革者们都对学校中流行的语言教学法提出了严厉的抨击。有人认为语言是思维的必需品（甚至认为两者是等同的），但另一种看法认为语言会歪曲和隐藏思想。

关于思维和语言之间的关系，一直存在着下列三种典型的观点：第一，认为两者是等同的；第二，认为文字是思维的外衣，思维本身并不需要语言，只有存在传递思维的需要时，语言才是必需的；第三（这是我们这里所要坚持的观点），认为尽管语言并不等同于思维，但它对于思维本身以及思维的传递而言都是必需的。然而，当有人说如果人类失去了语言，那么思维也无从谈起时，我们必须提醒自己，语言不只包含口头语言和书面语言，还包括姿势、图画、标记、视觉画面、手指运动等，一切被人类有意地用作符号的东西，从逻辑上讲都属于语言的范畴。人们所说的，语言对于思维来说是必需的，即是说符号对于思维来讲是必需的。思维应对的不是单纯的事物，而是事物所暗示的意义，而意义必须体现在可被感知的特定事物中，才能为人们所理解。如果事物没有意义，它就只是一个不会起作用的刺激物，或者偶尔引发人们的快乐或痛苦。并且，因为意义本身不是可以为人们触摸感知的事物，所以它们一定要附着在某些有形的物体之中。而专门用来固定和传递意义的有形物体，即是符号或象征。假设一个人把另一个人推出了房间，他的这种行为并不构成符号。然而，如果他用手指着门口并大喊“出去”，那么他的行为就构成了表达意义的工具：它成了一个符号、一个象征。就符号而言，我们毫不关注它们本身是什么，只关注它们所暗示或呈现

语言是思维的必要工具

因为它单独定义了意义

的意义。例如 cani、hound、chien、dog 这几个词，只要能传达意义，用哪一个词都没有任何差别。

自然符号的局限性

自然界的某些物体是其他事物和事件的符号。例如，云代表着雨，脚印代表猎物或敌人，凸起的岩石表明地表下埋有矿物。然而，自然界的符号有着极大的局限性：（1）具体的或直接的感官刺激往往会分散注意力，使人们注意不到符号所代表或暗示的事物。所有人应该都有这样的经历，当我们用手指向某处，告诉小猫或小狗那里有食物时，小动物只是看着我们的手指，而不看我们所指示的东西。（2）如果只凭借自然符号，那么我们就只能接受外在事件的支配；我们必须等到自然事件呈现出来，才能预防或预见某些其他事件发生的可能性。（3）因为自然符号并不是为了被人类用作符号而存在的，所以它们数量庞杂，使用不便且难以管理。

人造的符号克服了自然符号的局限性

因此，思维发展到一定高度，人为的符号便是必不可少的。语言正好能满足人类这一方面的需要。姿势、声音、书面文字或印刷文字，虽然从严格意义上来说都是具象的存在，但它们作为意义载体的价值已经完全凌驾于其自身的价值之上了。人为符号在表达意义时存在下列三个优点：（1）微弱的声音、模糊微小的书写文字或印刷文字的直接感官意义是微不足道的。因此，人们不会将注意力从其承载的意义上转移到其本身身上。（2）它们是在我们的直接控制之下被制造出来的。我们需要什么样的人为符号，就可以随时造出什么样的人为符号。也就是说，当我们在创造“雨”这个词汇时，不必等待自然界出现某些下雨的征兆，才运行我们关于雨的思维活动。虽然我们无法创造云，但是我们可以制造一种声音，用以表示云的意义，这声音也因而代表了云。（3）任意的语言符号都具备简单、易于掌握的特性。它们简洁、方便、精妙。只要我们活着，我们就会呼吸，同时只要靠咽喉、口腔的肌肉变化就可以变更空气的量和质，这很简单，也易于控制。身体、手指和臂膀的姿势也可以用作符号，但它们同由呼吸变化而产生的声音符号相比，就稍逊一筹，而且也比较难以掌握。因此人们把口语作为主要的思维符号。然而，语音虽然精巧、优美、可塑性强，但也是转瞬即逝的。而人类眼睛可以阅读的书写文字和印刷文字正好能弥补这一缺陷。文字可以永久保存。

确定了意义与符号（或语言）有着密切关系，我们就可以更详尽地来说明：（1）语言与具体意义的关系；

（2）语言与意义构造的关系。

1. 个别意义。语言符号的作用是：（1）选择和分辨，否则意义就会含糊不定、模糊不清；（2）保存、记录并贮存意义；（3）当需要理解其他事物时，可以使用语言符号。如果用比喻的手法来说明语言的这些作用，我们可以说，语言符号是一堵围墙、一个标签和一种媒介的三位一体。

一个符号使意义明晰

（1）每个人都有这样的学习体验：那些朦胧的、含糊的事物在被冠以适当的名称之后就变得完全清晰和明朗了。有时意义似乎近在咫尺，但却又难以捉摸。它拒绝凝聚成明确的形式。不过，当我们将一个词语冠于这一意义，它就能在该意义周围划下界限，使之脱离空洞的状态，自成一个整体（具体过程在此几乎不可能说清楚）。爱默生[1]说过，他宁可不知道事物本身，也要知道诗人给予它们的真实名称。大概在他的头脑中，或许就记着语言的这种启发作用。儿童喜欢盘问并学习他身边各种事物的名称，这表明儿童已经逐步将这些名称的意

1 爱默生（1803—1882），美国思想家、文学家、诗人，确立美国文化精神的代表人物，代表作品有《论自然》《美国学者》等。——译注

义具体化、个体化了。因此，儿童与事物的交流由外在层面上升到了思维层面。野蛮人认为词语有不可思议的作用，这是不足为奇的。给任何事物命名，即是给予它一个符号，这样，事物就不只是物质上的存在，而是获得了独特的、永久的意义。在野蛮人的认知里，知道了人和物的名称并能够使用这些名称，也就占有了他们的尊严与价值，具备了控制他们的能力。

符号保留意义

（2）由于事物变化不定，或者由于我们自身变化不定，所以有些事情往往不能引起我们的注意。自然符号所暗示的意义，仅限于我们的感官直接感受到的部分。但是，语言符号固定下来的意义却可以得到永久保存，以备将来之用。即使没有表示某种意义的事物，我们也可以创造出相应的文字符号，使之具有这一意义。因为思维活动需要大量的意义，语言作为保存意义的工具，其重要性不言而喻。当然，这种储藏方式也不能完全防止变质；语言有时候也难免会腐化，扭曲其原本所代表的意义。但是，这种不利影响是一种必然的代价，每种生物为了获得生存的权利，都需要付出这种代价。

符号传递意义

（3）意义被符号分离并确定下来后，我们便可以把这种意义应用于新的场合和情境中了。意义的转移和再运用，是所有判断和推理的关键。如果一个人知道一朵特定的云就是一场特定暴风雨的前兆，但他的认识只限于此，那么这种认识就不会有多大的益处。因为下一次的云和雨同上一次的云和雨是不同的事件，所以他还需要一次次地重新学习。如此一来，也就不会有智慧的累积和增长了。经验可以转变成适应外在环境的习惯，但是经验不能教给我们任何事情，因为我们无法使用旧经验去有意识地预料和调整新经验。要运用过去的经验来判断和推断新的、未知的事物，我们就需要将其意义保留下来。如此，哪怕旧事物已成为过去，我们也可以用其意义来判定新事物的特征。语言就是一个绝佳的承载工具，它像运转流畅的车辆，将意义从已有的、不再与我们有关的经验中，转移到那些依然含糊不清、无法辨识的经验中去。

符合逻辑的意义的组织取决于语言符号

2. 意义的组织。当我们强调语言符号和特定意义之间的关系时，却没有注意到另外一个方面也同样具有价值，即语言符号不仅可以划分特定意义或个别意义，也可以按照各类意义之间的关系将其加以分组；字词不仅给予单个意义以名称或标题，还可以将相关联的意义组织起来形成语句。当我们说“那本书是一本字典”或

“天空中那道模糊的亮光是哈雷彗星”时，我们其实是在表达一种逻辑关系——这是一种分类与定义的行为，这一行为超越了物质事物本身，达到了类和种、事物和属性的逻辑范围。命题、语句与判断的关系，就像特定的字词与意义和概念的关系一样。我们主要通过分析命题的各种形式来构建特定的字词。而正如字词构成句子一样，句子又构成一个更大、更完整的连贯论述。正像人们经常说的，语法表示了大众心理的无意识的逻辑。我们的母语为我们创建了一套主要的、理智的分类体系，这一体系则成了支撑我们思维运转的资本。在运用语言时，我们并没有明确地意识到我们是在使用本民族的、理智的分类，这表明我们已经完全习惯于这种逻辑分类和组合了。

二、教学实践对语言方法的误用

教学只是事件，并不具有教育意义

“只教知识不教文字”或“先教知识后教文字”，从字面上来看，这些格言与真正的教育必是相悖的，因为它降低了心智的地位，使之仅仅成了对身体和感官的调整。学习的正确含义不是认知事物，而是认知事物的意义，而这一过程就必然包括对符号或语言的使用。同样，如果一些教育改革者对符号教学的攻击走向了极端，就会使精神生活遭到破坏。因为精神生活及相关活动，存在于定义、抽象、概括和分类过程之中，而这些过程只有使用符号才能进行。然而，那些教育改革者的声讨也是必要的，因为滥用某一事物所要承担的责任，同正确利用这种事物所取得的价值是成比例的。

从事物中分离出的词并不是真正的符号

我们前面已经指出，符号本身也和其他事物一样，是特定的、具象的、可感知的存在。只是因为它们暗示和代表了种种意义，才最终成了符号。(1) 除非这些符号的意义与我们的某些经验存在实际联系，否则该意义是人们无法掌握的。文字可以分离和保存某个意义，但前提是我们在与外在事物的直接接触中涉及了这一意义。如果仅仅试图以文字来呈现意义，而缺乏与事物之间的接触，人们便无法理解文字传递的意义。一些改革者所反对的正是当今教育界非常盛行的这种倾向。除此之外，还有一种倾向，即认为只要使用的词句或者语言表达明确，我们就能清晰地传达某个观点。然而事实上，成人和儿童都可以使用非常准确的公式化语言，但传达的意义却含混模糊。真正的无知可能是有益的，因为真正无知的人很可能态度谦逊、虚心谨慎，同时保有好奇心。而那些只知道重复格言警局、时髦名词和陈词滥调的人通常会沾沾自喜，自以为富有学问，但其心智已经被涂上了一层拒绝新思想的隔离层。

语言会抑制人的探索与思考

（2）其次，尽管没有新事物的介入，新的文字组合也有可能提供一些新的思想，但这种可能性是有限的。人们可能由于懒惰而接受流行的观念，不再亲自进行调查和验证。或者人们只是运用自身思维去探究别人的想法，随后就止步不前了。语言所传达的他人的想法，可能替换掉我们自己的想法。在教育教学实践中，对语言研究和方法的误用，使得人们的思想停留在过往的学术成就上，阻碍了新的探究和发现。以传统的权威来代替自然事实和规律的权威，使人们成了依靠他人的二手经验而活的寄生虫——所有这些，都是教育改革者反对将语言作为主要教学工具的理由。

（3）再次，原先用来代表某些观念的字词，经过反复使用，就会变成一种单纯的符号。之后，人们就会按照某些规则对这些符号加以操纵，或者依据某些程序对这些符号做出反应，进而失去了了解符号本身含义的意识。斯托特[1]（把这些术语称作“替代符号”）曾经评论说：“代数和算术的符号，在极大程度上，只是被人们用作替代符号……若能从其所代表的事物性质中推导出固定的、明确的运用规则，我们便可以运用这些符号，而不必再参照它们的意义。文字是我们用来思考某个意义的工具，而替代符号的使用不需要我们思考其意义。”不过这一原则不仅可以应用于代数符号，也可以应用于一般的文字。文字也可使我们不用借助思考就能使用其意义，获得结果。在许多方面，符号作为“无须”思维的工具能够为人们带来很多益处，因为它们代表了人们所熟悉的事物，进而让人们能将注意力集中到那些新奇的、需要我们有意识地加以说明的事物上。然而，学校却太过重视技能的掌控，太过重视那些有益于取得外在成果的技巧了，而这常常使语言的优势转变成阻碍学习的弊端。他们让学生学习运用符号，以此来熟练地背诵课文，推导正确的答案，根据指定的公式进行分析，这会让学生养成机械的、缺乏思考的学习态度。在这种情况下，

词语作为单纯的刺激

1 斯托特（1860—1944），英国机能心理学家，著有《分析心理学》（*Analytic Psychology*）、《心理学手册》（*Manual of Psychology*）、《哲学和心理学研究》（*Studies in Philosophy and Psychology*）等。

对文字的记忆代替了对事物意义的探究。这一潜在危险，也许就是语言教学方法受到攻击的最主要原因。

三、语言在教学上的运用

语言和教学有着双重的关系。一方面，语言经常被运用于学校研究活动以及社会实践中，各门学科也不间断地借助于语言；另一方面，语言自身又是一门独立的学科。我们所要讨论的仅仅是语言的一般用途，因为语言在日常使用中对思维习惯的影响，要远远大于人类对其进行有意识的研究时所产生的影响。

语言最初不用于思维

"语言是思想的表达"，这一普遍说法只道出了一半真理，因而也极有可能导致严重的错误。语言虽然可以表达思想，但是，起初使用语言的目的并不是为了表达思想，语言甚至都不是有意识的。语言的首要目的是（通过表达渴望、情绪和思想）去影响别人的行动；第二个用途在于语言促使自己与其他人形成更为亲密的社交关系；有意识地使用语言去承载人们的思想和知识，这一用途居于第三位，其形成也相对较晚。约翰·洛克认为，文字有两个用途，即"民事的"和"哲学的"。

“语言的民事用途是指通过文字进行思想和观念的交流，推动关于日常事务与民众生活便利的大众对话和交流……语言的哲学用途是指利用语言传递事物的准确概念，并通过一般命题表达某些特定的毋庸置疑的真理。”

教育将语言转换为思维工具的原因

区分语言的实际用途、社会用途和思维用途，我们就能弄清楚学校教育在语言的运用方面有什么难点。这个难点就在于如何指导学生的口头语言和书面语言，使这两种语言由原来的实践和社交工具，逐步转变成有意识地传播知识、助益思维的工具。我们该如何做，才能既不抑制学生自发的、天生的动机——这些动机是语言的活力、力量、生动性和灵活性的来源——同时又对学生们的语言习惯进行改善，使之成为精确而灵活的思维工具呢？仅仅鼓励学生流畅地运用语言，而不培养他们将语言变成思维工具是比较容易的；抑制甚至破坏（站在学校的视角来看）学生自发的目的和兴趣，并在一些单独的、技术性的事务中，制定刻板的规则也是容易的。问题就在于，如何把处理“日常事务”的习惯转化成表达“精确概念”的习惯。要顺利地完成这一转变，需要教育工作者在如下方面做出努力：（1）扩充学生的词汇量；（2）更精确地表达词汇的意义；（3）养成连贯的叙述习惯。

要扩充词汇，必须扩充定义

1. 扩充词汇量。要实现这一点，需要学生与人和事进行更为广泛的、蕴含思考的接触，也可以以间接的方式，从他们听过的或读过的内容里搜集文字的意义。但是无论依靠哪一种方法掌握文字的意义，学生都需要运用自己的智慧，进行智力选择和分析，还需要扩大已有的意义或概念的储备，以供将来思考时使用。一个人所掌握的词汇一般分为主动的和被动的两类，前者指的是能被我们用来进行思维活动的文字，后者指的是我们听到或看到后能够理解的文字。被动型词汇数量一般要比主动型词汇数量多，这说明有些文字的力量尚未得到激活，不能被人们自由掌控。不能运用已经理解的意义，意味着我们还依赖着外部刺激，缺乏思考的动力。这种思维惰性在某种程度上也是教育的产物。儿童一旦学会了新词就会尝试对其加以使用。但是当他们学会了阅读，接受了大量的词汇，就再也没有机会使用这些词汇了。其结果，即使不会扼杀儿童的心智，至少也会压抑其心智的发展。而且，如果我们不能主动地运用某个文字的意义来确立和传递观念，那么这个文字的意义就永远不会清晰、完整。

词汇量的局限导致思维松弛

词汇量有限可能是因为经验的狭窄，即学生与其他人和事的接触面较为狭小，不需要那么大的词汇量。但也可能是因为学生本身过于迷糊。如果某人的精神状态是得过且过，那么他就不会愿意清晰地分辨感观或语言的意义。模糊地使用文字便无法准确指代事物，如此一来，一个人在遇到某种情况时，思维就会变得混乱，所有事物都会变成“这个什么”或“那个什么”。如果与儿童接触的人在词汇方面相当贫乏，或者儿童所接触的读物（甚至学校文选和课本）包含的词汇也浅薄不足，都会导致儿童心智发展趋于狭隘。

支配语言包括支配事物

我们必须注意到，文字的自由流动和语言的自由运用之间也有很大差别。语言的流利表述并不一定代表着这个人拥有庞大的词汇量。许多谈话，甚至即兴演说，也在一个适当的词汇范围里不断兜圈子。大多数学校都苦于缺乏物质材料和设备，有的只是书本，可是就连这些书本也是按照成人想象中儿童有限的能力“编写”出来的。因而，这些状况就抑制了学生们掌握丰富词汇的机会和要求。学校里所学到的词汇有相当大的部分是孤立的，与学校外流行的观念和文字没有实现有机的联系。因此，学生词汇量的增加往往是有名无实的。即使有所增加，所增加的词汇也是毫无生机的，而不是主动型词汇。

笼统的词汇含混通用

2. 更精确地表达词汇的意义。要增加字词和概念的储备，一种方法是识别和确定意义中不明朗的部分，也就是说，要使词汇的意义更加精确。意义的确定性同词汇数量的绝对增长同样重要。

由于人们对事物的最初认识是浅薄的，所以词语的最初意义是笼统含糊的。幼小的儿童会把所有的成年男人都喊作“爸爸”；在认识了狗之后，可能会把看的第一匹马叫作“大狗”。我们能分得清数量与强度的差异，但是对事物基本意义的理解还是相当含糊，所以会把一些根本无关的事物也囊括进去。许多人认为，树就是树，或者仅仅把它们分成落叶树和常青树，只认识其中的一两种就可以了。如果人类总是保持这种含糊、笼统的认识，就会在思维发展中遇到障碍。意义混杂的词语，充其量也不过是笨拙的工具。而且，因为它们的意义模棱两可，所以往往是靠不住的，会使我们混淆那些原本应该分清的事物。

词汇意义与重要性双重增长

要让原本含混不清的词语意义变得明确，一般来说有以下两个途径：第一，将其发展为代表事物关系的词语；第二，使其发展为代表高度个性化特征的词语（可与前文关于意义形成的部分进行对比）。第一点与抽象思维有关，而第二点与具象思维有关。据说，一些澳大利亚土著人并没有“动物”和“植物”这两个词语，但他们却为周围每一种植物和动物都命了名。这种精细的词汇代表着意义的进一步明确，但这也只是片面的明确而已。虽然个体的独特性得到了区分，但是事物之间的关系却没有突显出来。另一方面，哲学专业的学生，以及大部分自然科学和社会科学专业的学生，倾向于学习大量表示关系的词语，而忽视那些指代特定个体与特性的词语，导致自己的词汇表失衡，诱因、法律、社会、个体、资本等词语的普遍使用就是很好的例子。

为了改变词汇的逻辑功能而改变其意义

在语言史上，通过文字意义的变化，我们能够看到词汇在上述两个方面所取得的发展：一些原本用途广泛的词语变得仅能代表特定的意义；而一些原先指代特定事物的词语，却被用来表示事物之间的关系。例如，vernacular 这个词是从 verna 演变而来的，意思是出生在主人家中的奴隶，现在的含义却是方言。publication 一词原本可以指代任何形式的交流方式，现在仅仅指代出版发行。不过在法律领域，它的含义并没有缩减，我们依旧用它来表示“发布”的意思，即发布诽谤性言论。average一词现在的意义是平均，而原意是指船只失事后，当事人按比例承担的损失。

这些词语的历史变化能帮助教育者理解人类智力认知的演化过程。在学习几何时，学生必须学会将线、面、角、方、圆等熟悉名词的意义进行缩小或扩大。所谓缩小，指的是根据演算需求将其意义精确细化；而所谓扩大，指的是使其囊括日常用法中不会涉及的一些通用关系。对于几何科学来说，颜色和大小等特性便被排除在外；而关于关系、方向的变化以及临界值的关系则是需要明确的。在各门学科中，都会有这样的转变。正如前文所提到的，只在普通意义上附加一些新的、孤立的意义，而不是把常用意义和实际意义转化为真正有效的逻辑工具，这种做法是很危险的。

类似变化，发生在每个小学生的词汇表中

被人们刻意赋予精确性，用来指代某种意义，且仅仅指代某种意义的名词，被称为专业术语。就教育教目的而言，专业术语所指示的事物是相对的，而不是绝对的。名词成为专业术语，不是因为它的语言形式或者它本身的特殊性，而是因为人们能够通过它来精确地表达某种意义。当人们有意识地使用一般名词来达到这种目

术语的价值

的的时候，该名词就获得了术语的特性。思维越准确，掌握的术语也就相对越多。教师们经常在有关专业术语的两种极端意见之间摇摆不定。一方面，教师们不断要求学生积累各种术语，似乎觉得只要学会了一个新术语，弄懂其文字内容与定义，就等于掌握了一种新观点。但是，当教师们发现，这样做只是积累了大量孤立的词语、隐语或者学术行话，并且在一定程度上反而堵塞了判断的原始能力，他们便走向了另一个极端：摒弃所有专业术语。于是，他们只说“名称词语”，不说“名词”，只说“行动词语”而不说“动词”；学生应该说“从中拿取”这个词，不说“减去”一词；他们应该说四个五是多少，不应该说四乘以五等于多少，等等。这背后隐藏着一种正常的本能反应——即厌恶那些带来假象却不反映真实意义的词语。然而，根本问题不在于词语，而在于其背后的概念。如果不能掌握概念，即便使用更加熟悉的词语也毫无帮助。而如果掌握了概念，我们就可以利用确切的术语巩固自己的理解。对于能够表达高度精确意义的术语，我们应当有节制地予以采用，慢慢地引导学生理解它们，并尽力向他们提供一种能准确展示术语意义的场景。

连贯讲话的重要性

3. 形成连贯叙述的习惯。我们已经明白，语言既能联结和组织意义，也能选择和确定意义。正如每一个意义都体现于某个具体情境中，每一个字词在具体的使用中也会归属于某个句子（一个字本身有时就能构成一个简短的句子），而句子又属于某个规模更大的故事、叙述或推理过程。我们没有必要再重复前面说过的有关意义有序连贯的重要性了。然而，我们要注意，在学校的实际教学工作中存在以下几种妨碍语言连贯性并极度干扰系统性思考的情况：

（1）教师在教学实践中存在垄断连贯叙述的习惯。如果把教师一天的讲话时间加起来，再和与学生讲话的时间加以对比，那么许多教师都会感到震惊。不仅如此，学生们的讲话内容也常常局限于使用简短的词语或者单一的、不连贯的句子来回答问题。而进行详尽说明与阐释的工作都由教师独自包揽。只要学生的回答中或多或少呈现出一点线索，教师便常常用肯定的话语截断学生的发言，然后对学生的讲话内容加以引申，详细讲述他认为学生想表达的意思。这样，学生就养成了分散的、不连续的叙述习惯，这必然导致思维的分解。

太琐碎的提问

（2）讲课时间太短，并且伴有简短的“分析性的”

提问（通常是为了挨过复习时间），这也会造成同样的结果。在历史、文学这样的课程中，上述弊病更为明显，教师常常把教材内容细分为若干小段，这样就打乱了教材意义的完整性，破坏了人们最初设计教材的规划，将原本完整的内容切分成了毫无主次之分、彼此之间也毫无联系的细枝末节。教师通常并未意识到，他自己的大脑里确实装着完整的课文意义，但学生最终得到的却只有孤立的残渣碎片。

避免错误

（3）强调避免错误而不注重培养能力，这种教学方式也会阻碍学生的连贯叙述和思维。一开始，儿童有想法要表达，也很想表达出来，但人们会过于强调他在表达内容和形式上犯下的细小错误，于是孩子原本应该用来建设性思考的精力，就被转用于避免错误上去了。甚至，在极端的情况下，有的学生会消极地将沉默作为减少错误的最好方法。学生的这种倾向在作文、小品文、论文等文章写作中表现得特别明显。更有一些教师郑重地劝儿童在写作时要多写一些小事，多用简短的句子，因为这样做就能少犯错误。对高中生和大学生的写作教学最终将发展成以检查和指正错误为导向。过度警觉与压抑随之而来。写作的热情也随即消失了。学生们只有不把注意力放在应当说些什么、应当怎样说上，才会适当地、系统地表达自己的思想，可他们的注意力已经被耗光了。必须说些什么和有什么要说是完全不同的两件事。

第十四章　思维训练中的观察和信息

先熟悉事实，再进行思考

思考就是对主题材料进行整理，找出其暗示或象征的意义。思考离不开对主题的整理，正如消化离不开对食物营养的吸收。因此，如何将主题材料呈现出来就成了重要的问题。呈现的内容过少或过多，过于杂乱无章或者孤立零散，都会对思维习惯的培养产生不良的影响。如果个人观察得来的信息以及（通过书本或语言）与他人交流得来的信息都能得以妥当处理的话，那么逻辑训练就成功了一半。因为，观察和交流知识是获得主题材料的途径。而观察和交流知识的方法，对思维习惯的培养又有着直接的影响。这种影响往往是深层次的，以至于人们往往觉察不到。营养不良、饮食过量、不定时吃饭和不均衡饮食会对原本运作正常的消化系统造成损害。同样，如果教材内容安排不当，其消化吸收情况就与前者并无二致。

一、观察的性质和价值

使“事实”终于事实的谬论

上一章我们已经提到过，教育改革者反对过分夸大语言的用途，反对错误地运用语言，坚持认为应该通过个人的、直接的观察来进行教学。这些改革者认为，当前的教育过分地强调语言因素，剥夺了儿童直接认识实际事物的一切机会。所以，他们呼吁用感官经验来弥补这一缺陷。然而，他们满怀热情地坚持他们的主张，却常常不去研究观察的教育意义在何处，因而错误地把观察本身当作目的。不论在什么条件下，也不论面对什么样的材料，只要能进行观察，他们就认为符合教育的要求。这种把观察孤立起来的观点，还体现在他们认为对儿童而言，只有观察能力先得到发展，然后记忆和想象能力才能得到发展，最后思维能力才会发展起来。根据这种观点，观察就是在为以后的思维活动积累大量的原始材料。我们在前面已经指出，这种观点的谬误是显而易见的，因为即使是简单的具体思维活动也离不开与各种事物的联系，也绝非停留在纯粹的具体层面上。

扩大熟识度的共鸣与动机

1. 所有人都有一种天生的、近似于好奇心的渴望，即希望扩大他们对人和物的认识范围。艺术展览馆的门口贴着禁止携带手杖和雨伞的标语，这一事实明显地证明了，对许多人来说，只是简单地看一眼是不够的，只有通过使用某些工具对展品进行直接接触，他们才会感到对其有所理解。这种希望获得更充分、更详细的知识的愿望，与为了观察而观察的有意识的兴趣是完全不同的。自我扩充、自我实现的愿望便是它的动机。这种兴趣是一种共鸣，即社会和审美上的共鸣，而不是认知上的共鸣。儿童的这种兴趣特别强烈（因为他们积累的实际经验较少，而所面对的可能性又较多），当成年人尚未被常规惯例磨平棱角的时候，也具有这种特征。这种能够引起共鸣的兴趣提供了一种媒介，这种媒介把形形色色的、没有联系的、对思维毫无用处的大量事物搜集起来并建立联系。这些系统是社会性的、美学的，而不是自觉的理性探索的结果。但是，它们又为自觉的理性探索提供了自然的媒介。有些教育家认为，小学自然科学应当注重培养儿童对自然的爱好和对美的鉴赏能力，而不是纯粹地培养他们的分析精神。另外一些教育家则强调多组织一些饲养动物和培育植物的活动。这两个重要的建议都来自于经验，而不是理论，但是都为我们上述的观点提供了极好的例证。

分析检验为行事奠定基础

2. 在正常成长过程中，特定的分析和观察，起初几乎一定与人们认知某项活动的意义和目的的迫切需求有关。当人们在做某件事时（纯粹惯例的事情除外），为了取得成功，他就必须使用视觉器官、听觉器官和触觉器官来指导行动。如果无法持续地、灵巧地运用感官，那么即使是游戏和比赛也无法进行下去。在任何形式的工作中，人们都必须对材料、障碍物、器械以及失败和成功的结果进行密切关注。感官知觉的存在并不是为了其自身，也不是为了达到训练的目的，而是因为在人们做感兴趣的事情时，感官知觉是成功必不可少的因素。然而，对感官的运用虽然不是以训练为目的，但却能对感官训练带来成本最低且最彻底的影响。教师们曾经设计过各种各样的方案来培养学生敏锐的观察力，比如通过写字（甚至写那些他们不懂的语言）、排列数字和几何图形，让学生只看一眼就能够重现它们。通过速视和重现事物，甚至重现那些复杂的、毫无意义的组合体，孩子们常常能获得很多的技巧。偶尔将这种训练当作游戏和消遣是有益处的，但是，使用工具制作木制或金属物件，或者通过园艺、烹饪、动物饲养等活动得到的手眼训练更为有益。前述那种孤立的训练如同竹篮打水，是不可

直接和间接的感知训练

能获得什么结果的；即使获得了技能，这种技能也几乎没有什么辐射力量或技能转移价值。有人对观察训练提出批评，因为许多人甚至想不起自己手表表盘上的图案和数字的排列。这种意见的错误在于没有切中要点。因为人们看表是为了查看时间，而不是为了研究四点钟在表面上的标记符号是“IIII”还是“IV”；如果观察只是注意那些毫不相干的细节，反而是浪费时间。所以，在观察训练中，行动的目的与动机是最重要的。

科学观察与问题相关

3. 我们在第十章已经讨论过，随着人们的思维从实践思维阶段进入理论思维阶段，观察也会进一步发展到更为抽象或科学的层面。而随着问题的相继出现并得到解决，我们就要将观察较少地集中在那些与实际目标有关系的事实上，而较多地集中在那些与问题相关的事实上。在学校里，观察在智力培养方面往往毫无作用，原因在于（重要原因）这类观察是孤立的，并没有与需要认识或解决的问题相结合。这种孤立带来的害处贯穿于整个教育体系中，从幼儿园到小学，从中学到大学都存在这类观察的弊病。人们总是认为观察本身就是完整的、最终的目的，而不是把它当作获取材料以认识并解决某种困难的手段。而且，在观察中，也没有任何有关目的

实物教学很少提供问题

的观念作为诱因和指导，因此智力上的方法也遭到了破坏。在幼儿园里，孩子们被要求对各种几何形状、线、面、立方体、颜色等进行大量的观察。在小学中，在“实物教学”的名义下，教师总是随意选择一些事物（如苹果、橘子、粉笔等）的形状和性质让学生认真观察；同时在“自然研究”的名义下，又随心所欲地选择树叶、岩石、昆虫等物体让学生观察。在中学和大学里，学生们在实验室里使用显微镜进行观察，积累观察到的事实，获得仪器的操作技巧，以此作为教育的目的。

与孤立的观察方法相对，杰文斯曾经评论说，“只有当科学工作者兴奋地、满怀希望地对某一理论进行验证时”，他所进行的观察才是有效的。他还说：“可以观察和实验的事物是无限的，如果我们没有明确的目的，仅仅是记录事实，那么这些记录并无任何价值。”严格地说，杰文斯的第一个意见过于狭隘。科学工作者所从事的观察不仅要验证一种观念（或提出某一解释性的意义），同时也要找出问题的本质是什么，并以此作为指导提出假说。可是，杰文斯阐述的道理，即科学工作者从来不把积累观察作为目的，而是把观察作为取得一般性结论的手段，是绝对正确的。如果教师在教育工作中，对这一原理的影响没有产生足够的认识，那么所谓的观察在大体上将成为乏味呆板的行为，或者是获取某种技能的形式，而不会成为一种智力资源。

二、学校中的观察方法和材料

在思维训练中，如何才能把观察摆到正确的位置？我们的教育体系所使用的最好方法能为我们提供许多启示。

在未公开的变化中观察应包括探索与悬念

1. 这些观察方法都以一个合理的假设为基础，即观察是一种主动的过程。观察即是探索，是为了发现先前隐藏的、未知的事物，以达到某种或实践的或理论的目的。观察与识别不同，不是让我们去认出自己熟悉的事物。确实，识别已知的事物对于进一步的调查来说是必不可少的。但是这一行为相对机械、被动，而真正的观察需要的是探寻和思考。我们识别的是已经掌握的事物，而观察是为了探究未知的事物。由于没有分清机械性的识别和探寻式的真正观察之间的差异，很多人都认为，感知就像是在白纸上写字，或将画面印刻在脑子里、把印章盖在封蜡上，或将图像留存在底片上。这类想法对教学方法造成了灾难性的后果。

在活动中显示吸引人的情节

2. 人们在阅读故事或者观看戏剧时，其观察是非常专注仔细的。从这一点出发，我们就会明白如何选择适当的观察材料。只要存在“情节兴趣”，观察的灵敏度就能达到高点。这是为什么呢？因为在这种情况下，旧的和新的、熟悉的和意料不到的信息是和谐地结合在一起的。讲故事的人能使我们听得入迷，就是因为其中有悬念。他暗示了几种可能性，但仍然令人捉摸不透。因此，我们就会问，接下来会发生什么？事情的结局又会如何？儿童在听故事时，能够轻松地发现故事发展的所有显著特点，但面对某些呆板、静态的、不能提出问题或暗示潜在结果的事物时，他们的观察就会变得吃力且不充分。

当一个人做某些事情（不是那种事先就知道结果的机械性和习惯性活动）时，也会遇到类似的情况。即便他已经感觉到一些事情了，却不能确定那是什么。事情最终可能走向成功，也可能走向失败，但其发生的时间和方式都无法得到确定。因此，他们会对事情的状态和结果进行仔细的高强度的观察，以帮助自己建设性地完成手头的事务。当被观察的事物是独立的客体，上述原则也同样适用。运动的事物更为引人注目，静止的事物则更容易被人们忽略，这是很常见的现象。然而，学校似乎总是不遗余力地将观察材料变得死板、平淡，使其成为毫无活力的死物。当然，单有变化也是不够的。虽然变化、改变或运动能够刺激观察，但仅仅是刺激观察并不能引发思考。变化（就像精心安排的故事或情节中的偶然事件一样）必须是循序渐进的。每一次的变化都应该使人回想起上一次的变化，同时激发人们对下一次变化的兴趣。只有这样，我们对变化的观察才能给逻辑思维带来助力。

呈循环式增长

对生物、动物和植物的观察，能够最大限度地实现这种双重的要求。哪里有生长哪里就有运动、变化和过程，同时也存在着变化交替的循环。前者引起观察，后者组织观察。儿童总是对播种和植物生长的各个阶段抱有极大兴趣，都是因为它像一幕戏剧。某种事情正在发生，且其过程中的每一步对于植物的命运来说都是至关重要的。近年来，动植物教学发生了重大的、富有时效性的进步，究其原因，是因为人们将动植物看作是活的、能够实施行为的物体，而非静态的，等待着人们将其加以编目、命名和登记的惰性标本。如果把它们看成是死的标本，那么观察就不可避免地沦为错误的“分析”，沦为拆解和编录了。

观察框架并非产生于功能

当然，仅仅观察事物的静止性质也有其重要意义。然而，若把首要的兴趣放在物体的功能上，即物体能做些什么上，我们就有了进行更为详细的分析研究、对物体结构进行观察的动机。我们对一种活动的兴趣便会无意中转移到该活动的展开方式上去。我们对某件已经完成了的事情的兴趣，也会转移到完成这一事件的事物部件上去。但如果我们从一开始便按照形态学和解剖学的方法，去注意观察主体各部分的形状、大小、颜色以及分布等特性，我们就将该主体割裂了开来，使其失去了重要性，变成了僵硬死板的东西。当儿童发现植物也会呼吸并对其感兴趣，便自然会去仔细寻找植物呼吸的气孔。但如果将气孔单独拿出来要求孩子对这一独特的构造仔细观察，他们就会感到排斥。

3. 当被观察的事物与观察者的主观感受并无多大联系，对其实现目标的帮助并不大，不具备多少审美价值，也不能为整体情感效果做出多大贡献时，观察就成为一种更加有意识的智力活动了。学生学习观察是为了：（1）发现他们所面临的疑难问题；（2）对观察到的令人费解的特征加以推测，并提出假设性的解释；（3）验证某个事物所暗示的观点。

科学观察，应当是粗放的、集约的

总之，这类观察从本质上成了一种科学活动。也可以说，这种观察要遵循着粗放型和集约型的变化节奏。一方面我们要吸收广泛而松散的相关事实，另一方面则要选取少数事实进行精密研究，通过这两种方式的更迭，问题便变得明确起来，有效的解释也浮出水面。广泛而不够精确的观察是必要的，因为它能使学生感觉到他所探究的事物的真实情况，意识到事物之间的各种关系和可能性，并扩充他头脑中的材料储备以便将想象转化为联想。细致的研究也是必要的，因为它可以限定问题的性质，助其把握实验所需的各项条件。后者本身因为过于专业化和技术化，而不能激发智力的增长；前者则因过分肤浅和散漫，而不能控制智力的发展。在生命科学中，实地考察、游览、在自然环境中认识各种生物的观察方式，可以同实验室里使用显微镜的观察方式交替进行。而在物理科学中，对于自然界，广阔环境（包括自然地理环境）中的光、热、电、湿度、重力这类广泛存在于自然界的现象，应当在实验控制的条件下，由人们从中选择一些事实作为精密研究的准备。这样，学生就可从专业的科学探索与实验方法中受益，同时不会将实验室里处理各种模式的能量的方式与实验室外广泛存在的真实现象相割裂，因而也就不会觉得他们所研究的事实仅仅存在于实验室中（这种认识经常出现）。

三、知识的传授

不论如何，任何观察者自身所能掌握的领域毕竟是狭窄的。无论是怎样的观点，即使是我们根据亲身体验得出的观点，其中也有很多部分来自于我们听到的或读过的别人的观察结果和结论，而我们对此毫无意识。尽管在我们的学校里，直接观察的活动大大增加了，但教材极大部分的内容还是从书籍、讲演、口头交谈等其他资料中得来的。如何从他人提供的信息中得到最具逻辑益处的知识，这是最为重要的教育问题。

小道消息的重要性

无疑，教学这个词的主要意义，是同传递、灌输他人的观察和推理结果联系在一起的。在教育工作中，人们总是过于突出学习他人知识的重要性，因此过分强调积累知识这一理想教学目的。所以，问题的关键在于怎样把这种形式的学习转化为智力的财富。用逻辑学的术

从逻辑上讲，这种类别只能作为证据或者证言

语来说，他人经验所提供的材料是证言，即他人提供的、可被我们用来进行判断并得出结论的证据。我们应该怎样对待由课本和教师提供的教学材料，使之成为思维探究的材料，而不是现成的精神食粮，就好似商店里的商品，随手拈来便全盘接受呢？

他人进行的交流不应当在观察中被侵占

要回答这个问题，我们可以这么做：

1. 传授的材料应该是必需的，即其内容应当是个人观察所不易获得的。通过教师或书本，对学生进行填鸭式的教学，而其提到的事实又几乎不存在什么难点，学生本来通过自己的探索就能明白，这种做法会影响学生理智思维的完整性，使其变成思维奴隶。但这并不意味着他人传授的材料，就应当是贫乏枯燥的。感知的范围是广阔的，自然和历史也无限延伸。但是，我们应当仔细选择并认真保护学生们可以直接观察到的范畴。不能满足于粗枝大叶和呆板无效的观察，因为这会减弱学生的好奇心。

不可以在语气上教条主义

2. 材料应该以一种刺激的形式传授给学生，而不是被当作教条死板的定论。如果学生们认为，每一门学科都已被明确地探索过了，其知识是详尽的、终极的，那么他们就可能成为被驯服的学生，而不再是真正的学生了。任何思维（只要它是思维）都有独创性的阶段。这种独创性并不意味着学生自己的结论和别人的结论有所不同，更不是指要得出一个彻底的新奇的结论。独创性并不在于他们不能大量使用他人的材料和设想。所谓独创性，是指学生对于问题有亲身探讨的兴趣，对于别人提供的联想有反复深思的主动精神，并且真心实意地循此前进，推导出经得起考验的结论。"亲自去想"这句话，就字面上看，其实是赘述的，因为任何思维都是由个人亲自进行的。

应当与个人问题联系在一起

3. 传授知识所提供的材料应当与学生亲身经验中的紧要问题紧密相关。有人曾经说过，观察的弊端源于自身也终于自身，交流式的学习也是如此。教学材料的指导，如果不顺应学生在自身经验中发现的问题，或者其呈现方式无法引出问题，那么这种教材对于学生的智力发展是有百害而无一利的。这种教材无法深入学生思维的过程，因而是无用的。它们就像大量的废料和碎片一样堆积在脑中，一旦出现问题，它们就成了妨碍有效思维的障碍。

先于经验体系

换言之，这一原则是指应将传授的教材纳入学生现有的经验系统或组织之中。心理学学生应该都熟悉统觉原则，即我们会把新材料同先前吸收和保留下来的旧经验融合起来。由教师和书本所提供的教学内容，应当尽可能地以学生直接的亲身经验作为统觉的基础。学校中有这样一种趋势，即把学校中的教材与先前的学校课业简单联结起来，而不是同学生在学校以外已取得的经验联结起来。教师们会问："你们记得上星期我们从书本中学到的东西吗？"而不是问："你们不记得曾看过或听过这样的事了吗？"其结果是，儿童形成了孤立的、独立的学校知识系统，它与学生们的日常生活经验静静地重叠在一起，而不是扩充和改善这些经验。我们的教导方式使学生生活在两个分离的世界，一个是校外的经验世界，而另一个是校内的书本和课业世界。

第十五章　复述和思维训练

在复习课程中，教师与学生的接触达到了最紧密的程度。教师可以引导儿童的行为、影响儿童的语言习惯、指导儿童的观察活动等。因此，我们把复习作为教育手段而讨论它的意义时，只会重温前面三章里研究过的各个要点，而不会提出新的论题。如何安排复习是对教师能力的严峻考验，例如教师判断学生智力现状的能力、为引导学生做出有效的思维反应而提供种种情境的能力等。

复习的重要性

“复习”指的是在一节课的时间内，教师与学生、学生与学生之间最亲密的智力接触这一非常关键的事实。“复习”一词的意义是再引证、重复、反复述说。如果我们把一过程称作“重复”，这个词比“复习”更加模糊，无法清晰地体现出教师要求学生复述二手信息，使其为了能在某个时间点正确回答问题而进行背诵的绝对的指导地位。复习提供了刺激、指导儿童思维的时间和空间，

复习与思考

学生们记下的内容只是这一思维态度培养过程的副产品，不论这个副产品多么不可或缺。这一点比我们在这一章所要提到的所有事情都要重要。

一、形式教学阶段

赫尔巴特教学法分析

鲜少有人尝试根据普遍的原理形成一种指导复习的方法。不过其中有一项尝试非常重要，对学生“听课”的深远影响超过了其他任何尝试所取得的成果，它便是赫尔巴特的尝试。通过分析，他将复习课分为五个连续的阶段，并称之为“形式教学阶段”。该观点认为，不管教学内容在范围和细节上有怎样的不同，世界上只有一种最佳的方法去掌握它，因为人类大脑一贯会寻找一种“普遍的方法”来有效地攻克任何科目的学习。不管是优等生学习数学的基本原理，还是文法学校的学生学习历史，抑或是大学生学习哲学，在任何情况下，第一步都是准备，第二步是演示，然后是联想和概括，最后是在实际的新案例中去运用。

阐释方法

准备阶段就是提出问题，提醒学生联想那些能帮助自己了解新知识的熟悉的个人经历。已知的知识能为理解未知的事物提供方法。因此，如果能够唤起学生相关的记忆，那么学习新事物的过程就会变得更加简单。当学生学习河流的概念时，他们首先会对他们所熟悉的小河或小溪产生疑问。如果他们没见过小河和小溪，他们就会联想到排水沟里的水流。如此，“统觉团”就被搅动了起来，帮助学生掌握新的事物。准备阶段在提出学习目标后结束，旧的知识变得活跃起来，之后新的知识便被“演示”在学生面前。河流的图片以及立体模型就展现在了学生面前。做出生动的口头描述后，如果可能，教师还会带学生观察真实的河流。“准备”和“演示”这两个阶段就完成了对实际事实的获取。

接下来的两个阶段将指导学生获取一般性准则或概念。当地的河流可能被拿来与亚马孙河、圣劳伦斯河或莱茵河做比较。这样一来，偶然的、非本质的特点就被去除了，河流的概念也随即形成（涉及河流这个概念的基本要素就被汇聚在了一起并得以成型）。这一步完成之后，最终的概念就在大脑中固定下来，并在运用于其他河流，如泰晤士河、波河或康涅狄格河的过程中得到进一步明确。

如果我们把这些教学阶段与我们对完整思维过程的

与之前反思性思维分析做比较

分析进行比较，我们会对它们的相似之处感到惊讶。在我们的陈述中，这些“阶段”（与第六章比较）是指出现的一个问题或者一种令人困惑的现象，然后通过观察、调查事实来发现并弄清问题，再形成合理的假设、提出可能的解决方案，并做出推理解释，最后通过指导新的观察和新的实验来检验推理。每一个过程都可分为：（1）具体的事实和事件；（2）想法和推理；（3）将结果运用于具体事实中。整个活动过程就是演绎和推理的过程。有一个不同之处同样令我们惊讶：赫尔巴特的方法没有提及整个学习过程的起因和促进因素——即困难或需要解释的差异。其结果导致赫尔巴特方法经常给人这样一种印象，即它将思想仅仅看作是获取信息过程中的一项偶然事件，而不是将信息的获取看作是思维发展过程中的一项偶然事件。

与教师准备有关而不是与复习本身有关的正式步骤

在更详细地做出比较之前，我们先思考这样一个问题。复习课是不是在任何情况下都应该遵循一系列预先设计好的统一程序，即便这些程序遵循了常规的逻辑顺序？为了回答这个问题，我们可以说，正是因为这个顺序具有逻辑性，它展现的是一个人在理解了某个事物后对其进行的调查，而非思维的学习过程。前者描述了一个统一的直通的过程，后者则是一系列的曲折反复的活动。简言之，这些形式教学阶段展现的是教师在准备复习课时应该涉及的要点，而不是实际的教学过程。

教师的问题

缺乏教学准备的话，复习课只会变得随意、危险，如此，复习课要获得成功只能依赖灵感，而灵感又是那么的虚无缥缈。简单准备科目内容有助于形成一种严格的秩序，即教师可以检查学生从课本中学到的确切知识。但是，教师不应仅仅掌握教学内容，还应懂得对教学内容进行调整以适应培养思维的需求。前面提到的几个阶段很好地指出了教师为开展教学应准备的问题：学生们在学习这个科目时要做哪些准备？哪些熟悉的经验可以被利用？他们学过的哪些知识可以派上用场？我应该怎样呈现教学内容，才能使其轻松有效地契合学生目前的状况？我应该呈现一幅什么样的画面？我应该将他们的注意力带到什么事物上？我应该联系哪些事例？我应该引导他们做哪些比较，提出什么共同点？整个讨论得出的结果是哪项一般性原理？我应该怎样运用这一原理，以帮助学生巩固、摸清，并且真正掌握这一原理？学生们的哪些活动能帮助他们了解真正重要的原理？

如果教师系统地考虑了上述问题，他就不会教不好

只有步骤的灵活性才会赋予复习以生命力

课程。当教师根据前面提到的五个阶段，更多地从各种角度依据学生对一个主题做出的智力反应而考虑问题时，他就能更灵活、更自由地指导学生复习，同时又能集中地呈现主题，避免学生的注意力分散。如此一来，他就没有必要遵循思维的顺序而启用统一的方案了。任何学生给出的任何重要的反应征兆都能为他所用。一个学生或许已经对一个一般性原理有了某些想法（也许这种想法是错误的），他可能一开始便对这一原理加以运用，然后证明这个原理是行不通的，继而去寻找更多新的事实并归纳出新的认识；或者，此时会突然出现一些事实或者物体激发学生进行思考，如此一来，任何初步准备工作都显得多余。如果学生们一直在思考，那他们不可能等到教师带着他们完成准备、演示和比较的步骤后才形成自己的假设或归纳。此外，除非在一开始就对熟悉的和不熟悉的事物进行比较，否则准备和演示都会变得没有目的性、没有逻辑动机、孤立且没有意义。学生的思想准备并不会多么充分，他们只会专注于一些具体的事物，因而演示通常是激发事物之间各种联系的最好方法。因此，其重点有时在于依据熟悉的、已知的概念掌握新的概念，有时在于利用新的事实勾勒出问题框架。但不

任何一步都可能先行

管是哪种情况，只有对涉及的两方事物进行对比和比较，它们才具备意义。简言之，在指导复习的过程中，如果教师将各个需要考虑的要点所涉及的逻辑阶段转变为统一、连续的步骤，就等于是将自己已经理解了某项事物的头脑所拥有的逻辑分析，强加于学生们正在努力理解事物的头脑中，这会妨碍学生自己的思维逻辑。

二、复习课涉及的几个因素

明白了这些形式教学阶段反映了学生进步所涉及的多个相互交织的因素，而不是高速公路上的里程标志后，我们就能对其进行分开讨论。我们可以像赫尔巴特学说的支持者们那样，将上述阶段减少至三个阶段：第一，对具体的、特殊的事实的理解；第二，理性归纳；第三，运用和论证。

准备就是感觉到问题之所在

1. 与具体事实相关的过程是准备和演示。最好的、真正的准备，是让感官感觉到那些需要解释的、出乎意料的、令人费解的、奇怪的事物。无论是谁，只要他的思想被真正的困惑感所占据（不论这一感觉是怎样出现的），他的思想就会处于警觉和探究的状态，因为这种刺激是内发的。问题所带来的冲击和痛觉会迫使其思想尽其所能地思索探寻，如果没有这种思想的热情，即使是最巧妙的教学方法也不能奏效。正是感知到了问题存在，思维才会被迫进行调查、回忆过去，以弄清该问题是什么、怎样能解决这个问题。

准备过程中的陷阱

当教师想以更为刻意的方式唤起学生经验中比较熟悉的记忆，并使之发挥作用时，必须预防几种危险：（1）准备阶段不要持续过长，不可过分详尽，否则，就将事与愿违，使学生失去兴趣，感到厌烦。相反，单刀直入反而更能刺激他有所行动。有些认真负责的教师为复习课进行的准备工作会让人想起一个男孩跳远的故事：为了跳得更远，他拉长了起跑准备，最后因为过分疲劳反而跳得不远。（2）我们是依靠习惯来理解新事物的。但如果坚持把习惯的倾向变成有意识的观念，反而会妨碍它们发挥最好的作用。确实，要使用过往经验中的某些因素，我们就必须将其转化到有意识的认知层面上，就像为了使某些植物更好地成长，就必须将其移植一样。但若是一直挖掘经验或移植植物，以察看它们状态如何，这种做法无疑也是致命的。过度开发旧经验会导致局限和尴尬的局面。

课程目标描述

严格意义上的赫尔巴特派教育家们，认为教师对课程目标的描述非常重要，它是课堂准备必不可少的一部分。但是，预先向学生描述课程目标，并不见得比铃声响起或其他将学生的思绪拉回课堂的方法聪明。对于教师来说，目的非常重要，因为他已经到达了终点；而对于学生而言，这种对于他“将学到什么”的描述本身是矛盾的。如果教师过分强调教学的目标，认为它不仅仅是吸引学生注意力的工具，那么学生的反应便很有可能受到制约，学生将不能履行自己发现问题的责任，其思维动力也会大受阻碍。

教师应该讲述或者展示多少

这里没有必要详尽说明演示阶段在复习课中的重要性，因为主题为观察和交流的最后一章会讨论这个问题。演示的功能就是提供能够充分展示问题本质以及相关的解决办法的材料。教师的实际问题在于如何平衡问题的呈现，如果展示得太少，讲解得不足，就无法激起学生的反思；如果太多，则会扼杀他们的思考。假如学生足够投入，教师也十分愿意给学生空间去消化和吸收（不要刻板地要求学生掌握并复述所有知识点），那么就不用担心教师过于热情且对某个话题说得过多。

2. 正如我们所看到的那样，反思性探究有一个特殊的理性阶段，即阐述观念，通过对比和比较构建假设，得出定义和构想。

学生写出合理案例的责任

（1）在复习课上，首先是要学生负起责任，对其提出的每一项的原理进行思考，以便向人们展示所用原则的意义、该原理与手中的事实是怎样关联的。除非学生自己能够对自己的猜测做出合理的判断，否则复习课在推理训练中是没有任何意义的。聪明的教师总能不让学生们提出无用的、无意义的想法，而是选择那些与其希望达到的目标相一致的想法。但是这种方法（有时被称作“诱导性提问”）制约了学生履行智力责任，而只培养了学生“被教师牵着鼻子走”的能力。

身心放松的必要性

（2）将模糊的或者多少有些随意的想法整理得连贯又明确，其过程必定会出现暂停和注意力分散的情况。我们通常会说“停下来想一想”：所有的反思性思维，在某种意义上，都需要暂停外部观察和思考，这样才能使想法成熟。冥思，从众多的感官冲击和行动需求中抽身而出，是论证阶段的必要行为，就如同在其他阶段需要做观察和实验一样。将理性思维比作饮食过程中的消化吸收，我们就能更好地理解这一过程。通过对比、权衡备选建议，安静地、不受打扰地思考问题，对于形成连贯、紧凑的结论是不可或缺的，正如消化并不等同于大嚼大咽，推理并不是光靠争论、辩解、贸然赞同或否定假设就能完成的。教师应该保证学生能有空闲时间去消化知识。

典型的中心对象是必需的

（3）在比较的过程中，教师应避免同时向学生呈现太多重要性相当的事实，这会分散他们的注意力。因为注意力是有选择性的，某一项客体会占据主要的思想，并形成思考和推理的出发点。所以，将过多同等重要的客体摆在学生面前，会对教学的成功造成致命打击。在比较的过程中，思维不会自然而然地由甲乙丙丁出发，找出它们的共同点，而是会由某一个意义不太明朗的物体或情况出发，然后发散到其他的物体上，以便使中心点变得更为清晰明了。仅仅收集可对比的事物是成功推理的大敌。每一个被纳入对比的事实都应该能够让处于思考中心点的客体变得清晰，或能够扩充它的某些属性。

类型的重要性

简言之，我们应该努力确保处于思考中心点的事物是典型的：一个材料虽然本身是独立的、特别的，却能够有效暗示一大类事实背后的原理，那这个材料就是具有典型性的。没有一个心智正常的人能够一开始就从大处着眼，思索河流的概念——他首先想到的是某条河流令人困惑的特点；然后他会研究其他河流，以弄清这条河流令人疑惑的特征；与此同时，他还会运用原客体的典型特征，对其他河流的大量细节进行整理。这种不断比较既保证了意义的统一性，又防止意义变得单一、狭隘。对比事物之间的差异才能将重要的特征凸显出来，这些特征能帮助我们将不同的特性结合成在一起，形成一个有序或者连贯的意义。这样，思维就不会因为有太多孤立的案例而变得麻木，也不会因为仅仅只有一个正式的原理而变得贫瘠。单个的事例和特征能为我们提供侧重点和明确性；而通用原理能将其整合成一个单一的体系。

含义中的洞察力影响概括

（4）因此，归纳并不是一个孤立的、单一的行为，而是整个讨论和复习过程中的一种持续的趋势和功用。为了得出某种观点，去理解和阐释某些孤立且令人迷惑的事物，并将这些事物统一起来，我们所做的每一步努力都涉及归纳。小孩子也和成年人一样会进行归纳，即便其最终未能得出同样的一般性总结。如果他要研究河流流域的话，他就会根据一系列细节进行归纳，发现诸多细节源于一种单一的力的作用，即河流是在引力的作用下向下流淌，又或是历史的不同时期作用的结果。尽管他只知道一条河流，但此等情况下所得的知识却是通用的。

含义中的洞察力需要构想

总结所涉及的构想、有意识的陈述，不应该只是单一的行为，而应该长久地发挥作用。定义就是将模糊的意义变得清晰的过程。随着意义的清晰度不断增加，最后达到高潮，使其获得了语言定义。即使要否定已经固定的语言定义，也不要走向另一个极端，即忽视总结个例中出现的一般性意义。只有不断进行总结，思维才算得出了结论，找到了安宁的栖息地；只有获得结论，使其成为我们的智力资源，我们才能在未来用其进行理解。

概括意味着对新生事物适应的能力

3. 正如上面所表明的那样，运用和总结密不可分。我们无须明确地理解原理便能将机械性的技能进一步运用到新的情境中。而且，对于常规的、狭隘的技术性事务，有意识地进行规划反而会阻碍工作进展。但是如果没有原理或总结，我们就不能将已获得的技能运用到新的、不同的领域中。总结的内在意义在于将意义从局部限制中解放出来。总结就是被解放了的意义，是从偶然的事例中得到解放的意义，这样它就能被运用到新的情境中去。失败的总结（即一种人们常用的，却无明确意义的陈述）在于不能自由延伸其所谓的原理。一般性原理的精华在于运用。

僵化原则对比灵活原则

练习运用法则和原理，并不只是为了通过它们来弄明白某个观点或原理的含义。将运用看作独立的最后步骤是很危险的。在每一个判断过程中，某些意义就会得到运用，成为评估和解释某项事实的基础；通过运用，该意义本身也得到了扩充与检验。如果我们认为一般性意义本身就是完整的，那运用就是该意义的外在的、不涉及智力的使用，只是为了练习而存在的。原理是自成一体的；它的使用又是另一件独立的事情。当两者相脱离的时候，原理就会变得僵化和死板，失去了内在的活力及自我推动的力量。

自我运用是真实原则的一个标志

但事实是，观点是流动的，它会寻求出口，或者解释具体事件，或者指导行动，就如同水流沿着山坡顺流而下一般自然。准确地说，如同思考需要观察得来的具体事实以及行为带来的事件才能启动一样，概念也需要具体的事实和行为才能得以完善。“闪闪发光的一般性原理”是无效的，因为它们是虚假的。同敏锐的观察或者逻辑推理本身一样，运用也是真正的反思性探究的内在部分。真正的一般性原理会让自己得到运用。教师要做的就是提供运用和练习原理的条件。而随意地、人为地创造任务来保证原理的运用的做法也是错误的。

第十六章　一般性结论

思维的有些因素本应该相互平衡、相互协作，形成富有成效的反省的探究，但却常常趋于互相分离和对抗的状态。对此，我们提出几个思维因素，综合评述我们是如何思维的，以及我们应当如何思维，作为本书的总结。

一、无意识和有意识

理解代表无意识的假定

“被理解了”这一词有一项含义指的是一件事物被人们非常透彻地掌握了，所有人都一致认同，以至于变成了“假定”。也就是说，这件事已经被当作是理所当然的、无须再作明确的说明了。我们常说的“不言而喻”这句话，其意思就是“某事已经被理解了”。如果两个人能够相互理解地进行谈话，那是因为他们有着共同的经验，而正是这一共同的经验提供了他们之间相互理解的背景。探讨和阐明这种共同的背景是愚笨的，因为这种背景是“已经被理解了的”。也就是说，这种背景悄悄地提供并暗示了理所当然的理智交流的媒介。

询问代表有意识的构想

然而，如果两个人发现他们之间相互误解了，就有必要以各自的想法为基础，去查找和对比各自的前提以及所隐含的背景。这样，隐含的前提就得到明确，无意识的假定也便曝光在了意识之下。用这种方法，就消除了误解的根源。所有富有成效的想法，都包含着类似的有意和无意的思维。一个不断训练自身思维的人，会认为一些观念体系理所当然（因此他对“无意识的事物”不做任何表述），在与他人交流时，他也带着这样的想法。某些情形、某些条件、某些掌控着他的目的已经彻底占据了他的显性思维，以至于他不需要对其进行有意识的构建和阐述。显性思维仅在有暗示或能理解的内容范围内奏效。但是，思考源自于问题，所以在某些时候对熟悉的背景进行有意识的检查核实很重要。所以我们必须审视某些无意识的假设，并使之更加明确。

无法对获得平衡赋予规则

对于怎样才能使这两种心智生活达到适当的平衡、有节奏地变化，我们无法拟定出任何规则来。同样，我们应该在何时抑制某些无意识的态度和习惯，防止它们自发工作，直到我们弄清了它们隐含的意义为止？这件事也没有任何规则可循的。至于分析性检查和规划应该做到什么程度，也没有人详细地做出过回答。我们可以说，它们必须进行得足够彻底，即足以使人们对自己的认识足够充分，知道该如何指导自己的思维。但是，在特定的场合下，它们又该达到怎样的程度呢？我们可以说，必须进行到足以帮助我们发觉和预防一些错误的感知和推理，并助力我们的研究。但是，这种表述仅仅是重申了原先的困难而已。因为在特殊的事件中，我们所依靠的是个人的性格和机智，所以要检验教育成功与否，最为重要的是看这种教育是否培养出一种思维形式，使其能够在无意识思维和有意识思维之间保持平衡。

避免过度分析

我们前面批评了教学中错误的“分析”方法，它的错误就在于否定了学生无意识的态度和初步的假定，要求他们刻意地注意自己的状态和采用的方法，但前者的作用其实更大。单纯为了使之变得有意识、为了做出规划，而让眼睛紧紧盯住熟知的、一般的、无意识的事物，这既是一种不恰当的干涉，也是引发厌倦情绪的源泉。被迫去有意识地详细阐述习惯了的事物，是无聊的本源。追求具有这种趋势的教学方法等同于故意削减学生的好奇心。

对错误的察觉和对真理的紧握，需要有意识的陈述

另一方面，还有我们前面批评过的单纯的、机械的技能。我们曾经说过提出真正问题、引入新异的事物、获得大量的一般性意义的重要性。不去认识错误或失败的根源，同无意义地研究顺利的事情一样，对形成良好思维来说也是致命的。过分地将事情简单化，为了追求速成技能而摒弃新奇内容，为了防止错误而故意回避障碍，这与让学生规划自己完全熟悉的事物，阐述获得结果的所有步骤一样，都会带来负面影响。遇到困难的问题，我们就会进行分析性的探究。每当解决了一个难题，我们就能把有关这一问题的知识积存起来，使之成为解决更深一层问题的有效资源。要做到这点，有意识的提炼和总结是绝对必要的。在学生学习某一学科的早期阶段，我们应该允许学生进行大量自发的、无意识的思维活动，即使这些活动存在着随机试验的危险。到了学习的后一阶段，我们应当鼓励他们进行有意识的规划和复习。推测和反省、向前推进和回顾检查，这些行为应该交替进行。无意识为我们提供了主动性和新鲜感，而有意识则为我们提供了信念和掌控力。

二、过程和结果

再谈游戏和工作的问题

在心智活动中，过程和结果也同样具有平衡的特征。在讨论游戏与工作的关系时，我们提到过与这类调节相关的一个重要阶段。在游戏中，兴趣集中于活动本身，而不是活动的结果。游戏引发的行为、印象、情绪都只是为了满足自己；而在工作中，结果掌控着人的注意力，监督着我们选择达成结果的方式。这两者只是兴趣的方向有所不同，强调的重点有所差异，它们并不是根本分裂开来的。如果因为活动或结果在我们的意识中占据的地位不同而将它们孤立分开，那么游戏就会退化为玩闹，工作也就变成苦役了。

游戏不等同于玩闹

所谓“玩闹”，我们指的是因为突发奇想和偶发事件而耗费精力进行的一系列毫不相关的即时活动。如果在游戏时把结果抛诸脑后，让所有的想法和行为都不带任何目的性，那么这些想法和行为就不再具有连贯性，变得天马行空、任意妄为、毫无目的，于是就沦为了玩闹。儿童和动物都有根深蒂固的玩闹倾向，这一倾向也并不完全是不好的，因为它至少能防止我们落入俗套。但是，过度地沉溺于玩闹之中会导致精力的浪费和溃散。

而唯一可以防止这种结果的方法，是让即便最自由的游戏都有结果。

不可做苦差事

然而，如果我们的兴趣完全集中在结果身上，那么工作就变成苦役了。所谓苦役，指的是我们在某项活动中只对结果感兴趣，而对取得结果的过程并没有兴趣。每当一项工作变成苦役时，工作的过程对于做事的人而言是没有意义的，他们只关心结果。工作本身需要付出能量，这令人烦躁，但这又是必要的，因为没有它，人们就无法达到某个重要的结果。众所周知，世界上有许多必须去做的工作，而工作本身并不有趣。然而，有一种观点认为，儿童应当去干一些苦差事，从而养成忠于无聊职责的能力，这种观点完全是错误的。强制儿童去做无聊的工作，结果只会引发他们对职责的厌恶、躲避和推诿，而绝非对职责的忠诚和热爱。要使儿童愿意为达到结果而承受过程无聊的事，最好的方法是让他理解结果的价值，从而也认识到实现结果的过程的价值。工作本身并不能带给人们兴趣，但它能把人们对结果的兴趣转移到自己身上来。

平衡游戏和工作，获得理想心智

工作和游戏的分离、结果和过程的分离，会对学生智力造成伤害。有谚语为证：“只工作，不玩耍，聪明孩子也变傻。”相反，如果儿童仅做游戏而不学习，事实将充分表明，玩闹就会变得愚蠢。既爱游戏，同时又可以做到严肃认真，这才是理想的心智状态。当思维自由地“把玩”一个主题时，理智的好奇心和灵活性会表现出来，教条主义和偏见则会被排除。这种自由的把玩，并不是鼓励把某一事物当作玩耍取乐的手段，而是要保持对事物本身的兴趣，避免其屈从于先入为主的信念或者习惯性的目的。思维的把玩是开放的，它相信思维的力量，会保持思维的完整性，不受外部的诱惑或专横的限制。因此，思维的自由把玩也是严肃的，它热切地追求问题的发展。它与粗心或轻率是不相容的，因为它要求精确地识别取得的结果，使每一个结论都能在未来得到进一步应用。所谓“对真理本身的兴趣”，当然是一件严肃的事情，然而，这种对纯粹真理的兴趣恰好与思想的自由把玩不谋而合。

思维的自由嬉戏，在童年是很正常的

尽管有许多反面例子（通常因为社会条件不同，财富过剩导致人们闲散地游戏，过度的经济压力则强使人们去干苦差事），但是，正常情况下，在儿童时期，把思维的自由把玩和认真思考结合起来的理想是可以实现的。那些饱受欢迎的关于儿童的绘画作品，既表现出了他们对未来的无忧无虑，也表现出了他们专心致志的沉思。生活在当下，同提炼现在生活中的深远意义并不矛盾。这种满足于当下生活本身的态度正是儿童时期遗留下来的“遗产”，也是他们将来成长的最佳保障。迫使儿童过早地关心遥远的经济成果，虽可以惊人地磨炼他们的在某一方面的才智，但是这种过早的专业化是有代价的，它会让儿童在成人后变得冷漠无情、无聊乏味。

艺术家的态度

艺术起源于游戏，这是老生常谈了。不论这句话从历史上看是否正确，它点明了思维的游戏性和严肃性的和谐，这也描述了艺术的理想状态。艺术家如果过多地专心于方法和材料，虽可以获得精妙的技巧，但却无法实现优秀的艺术精神。相反，如果生动的意念超过了他掌握的方法，他或许能有某种艺术感，但是由于他艺术表现的技巧过于贫乏，无法彻底将这种艺术感展现出来。当我们对某个目的有了足够清晰的认识，迫使我们将其诉诸行动，或者我们对某种目的的认识给予了我们灵感，让我们找到了实现目的的方法，这样，我们就拥有了艺术家式的态度。这种态度可以出现在一切活动中，即使不是传统意义上的“艺术”。

教学是一种艺术，真正的教师就是艺术家，这也是一句老生常谈。教师是否有权加入艺术家的行列，要看他是否能够培养出同样具有艺术家式的态度的青年或儿童。有些教师能够成功激发热情、交流思想、唤起活力。达到这种程度，当然是好的。但是最后的检验还要看这些为实现宏伟目标而做出的激励能否转化为有效的力量，也就是说，能否使学生注意事物的细节，以掌握达成目标的方法。如果不能，学生的热情就会减少，兴趣就会消失，而理想也只能成为糊涂的记忆了。另一些教师，能够成功地训练学生的天赋，使其掌握技能并精通与课程有关的技术。到了这种程度，当然也是好的。但是，如果不能扩大学生思维的视野，提高学生对最终价值的辨别能力，以及增强他们对观点和原则的感受，这种训练即使能够获得某些技能，也往往会与目的相去甚远。而且，随着情境的不同，这种技能也仅仅表现为合于私利的灵巧，俯首帖耳地接受别人的指派，或者在陈规旧俗中，干着令人不可想象的苦差事。既要提出振奋人心的目的，又能培养达成地的方法，并使两者和谐一致，这既是给教师的难题，又是给教师的回报。

教师教学的艺术以养成这种态度而告终

三、远和近

对熟悉的内容不感兴趣

有些教师常常听说，要避免使用那些和儿童经验毫不相干的教材，但是他们常会惊奇地发现，学生们对于他们知识范围以外的事情感到兴趣盎然，而对于很熟悉的事物反而感到索然无味。在地理学科上，生活在平原的儿童似乎对周围环境毫无反应，对山或海却津津乐道。教师常常费尽心力地试图从学生的作文中截取熟悉事物的片段，结果却一无所获。然而有时候，教师却发现学生渴望去描写那些玄虚的、充满想象的题目。一个受过教育的妇女记录了她当工厂工人的经历——她试图在上班时间把《小妇人》的故事讲给女工们听，女工们毫无兴趣，并且说："那些女孩子的经历还没有我们的经历有趣呢！"她们想听的是有关大富翁和社会名流的故事。一个关心劳工心理问题的人，曾经问过苏格兰棉厂里的一名女工，她们整天在想些什么。她回答说，只要机器一开动，她的心便静下来，便想着要同一位公爵结婚，他们的财产数不胜数，以至于她这一整天都不会再想别的。

当然，我们讲这些事例并不是为了鼓励人们去采用

只有新奇的事物需要关注

那些耸人听闻的、离奇的或令人费解的教学方法。我们讲述这些事例，只是为了强调这样一点：熟悉的事物和邻近的环境本身并不能引起思维或使思维做出反应，而只有当我们对它们做出调整，使之能帮助我们理解陌生的和远方的事物时，它们才是有用处的。心理学常识告诉我们，旧的或者我们完全熟悉了的事物，并不能引起我们的注意。这是有着充分的道理的，因为新环境不断地要求人们去适应，所以过多地注意旧事物会浪费精力，而且是很危险的。我们必须将思维空出来去应付新的、不确定的和疑难的问题。因此，如果使学生的思维仅限于他们业已熟悉的教材上，便会压制他们的思维发展，让他们感到迷茫无措。我们不必去注意旧的、附近的、习惯了的事物，而要利用它们去注意别的事物；它们不会提供问题材料，只会提供解决问题的方法。

反过来，只有通过旧事物才能给予关注

前面谈到的内容引出了反思性思维中新与旧、远与近的平衡问题。比较远的事物为我们提供刺激和动机；而比较近的事物为我们供给方法和可以利用的材料。这一原则也可以变换一种说法：只有当困难的事物和容易的事物以适当的比例混合呈现时，最佳的思维才会出现。容易的事物和熟悉的事物，就像奇怪的事物和困难的事物一样，是一对等价物。事情太过容易，我们便不会进行探究；事情太过困难，又会使探究变得毫无希望。

给予和暗示

近和远的相互作用是必要的，这是由从思维的本质决定的。只要存在思维，当前存在的事物就会暗示或象征尚未出现的事物。同样，熟悉的、旧的事物必须出现在与往常不同的情境中，才能推动思维前进，才能迫使我们找出缺失的事物以增进理解。如果所提供的材料全是新奇的事物，它就无法给我们任何暗示以帮助我们对其进行理解。例如，一个人开始学习分数的时候，如果不向他指出分数与他已经掌握了的整数之间的关系，他就会感到十分困惑。而等他彻底地熟悉了分数的时候，分数对他而言便成为需要做出某些行为的单纯信号了，当它们成为了“替代符号”，他便可以不假思索地对这些符号做出反应。不过，如果某个情境中出现了新的、不确定的事物，那么人们的反应就不再是机械的了，因为机械性的操作只能用来解决单个问题。新事物通过思维活动变成了熟悉的知识储备以后，就成了一种资源，被人们用来判断和融合其他的新事物。这种螺旋上升的过程将循环往复、永无止境。

每一个思维活动既需要想象又需要观察，这说明了上述原则的另一个方面。当教师们试图采用传统的“实物教学”方法，他们通常会发现，如果课程内容是全新的，学生往往会被实物吸引了注意力。但是一旦学生完全熟悉了那些实物，它们就变得单调乏味，学生就会像学习符号那样机械地进行学习。想象不能仅仅拘泥于实物，而应使之丰富起来。教学中，过度强调“事实，事实”就会使学生成为一种如《艰难时世》里的葛擂硬那样过于实际的人。这不是因为事实本身具有局限性，而是因为人们把事物想成了是预先准备好的、不容改变的，这样，想象的余地就没有了。摆出事实是为了刺激想象，文化也随即显现。反之亦然。富于想象也并不一定是空幻的，即是说不一定是不真实的。想象的作用，在于让我们看到在现有的感知条件下不能显示出来的现实。想象的目标是对遥远的、模糊的和难解的事物具有明晰的洞察力。历史、文学、地理、自然科学，甚至是几何学和数学，都有大量材料需要我们动用想象才能完全理解。想象补充并加深了观察；而当它沦为幻想时，它就代替了观察，从而失去其逻辑的力量。

观察提供了邻近的事物，而想象提供了遥远的事物

　　最后，还有一种关系体现了远和近的平衡：即个人通过与其他人和事的接触而获得的狭隘经验跟个人通过

沟通交流从整个人类种族中继承的广泛经验之间的关系。教育经常会冒这样的风险，即用大量的交流资料埋没学生个人狭窄但重要的经验。真正的教师能够传播知识，激励学生通过感知和肌肉活动的狭窄门户，进入更完满、更有意义的人生；否则，他就只是一个教书匠。真正的交流包含着情绪和态度的交流。如果交流不能让儿童和他的种族之间产生一致的思想和目标，那它就不能被称为交流。